위험에서 살아남는
재난 생존
매뉴얼

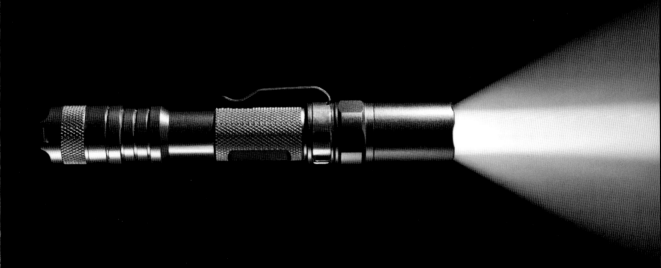

위험에서 살아남는
재난 생존 매뉴얼

조셉 프레드, 아웃도어 라이프 편집부 글

김지연 옮김

다봄

차례

🛡 생존 기술

🧰 생명 안전 앱 : 응급 처치

생명 안전 앱 : 의약품 정보

생명 안전 앱 : GPS

생명 안전 앱 : 클라우드 스토리지

지역 재난

 준비 자료

- 대피 계획 세우기
- 집의 위험 요소 확인하기
- 안전한 음식 구별하기
- 출퇴근 시 재난 대책 세우기
- 안전한 집으로 돌아오기

찾아보기

최악의 상황을 함께할 조력자

내 작업용 청바지와 출근용 바지의 왼쪽 앞주머니에는 선명한 주황색의 날카로운 주머니칼이 들어 있다. 접었다 펼 수 있는 이 칼은 사과를 자르거나 손톱 손질을 할 때 또는 박스를 뜯을 때 사용한다. 그리고 언제 안전벨트를 자르고, 강도의 공격을 막고, 화재가 난 장소에서 빠져나오기 위해 필요할지 전혀 모르기 때문에 늘 가지고 다닌다.

이것은 비상 상황에 대비하고자 하는 나의 본능이다. 준비가 안 된 사람보다 준비를 조금이라도 한 사람이 살아남는 방법을 더 많이 알고 있다. 그리고 언제 일어날지 모르는 최악의 상황들에 주의를 기울이는 사람들이 생각보다 많이 있다. '최악의 상황'이란 자동차 사고일 수도 있고, 화재일 수도 있으며, 험한 태풍이나 야생 동물의 공격일 수도 있다. 물론 작은 주머니칼이 이런 사고와 재난들을 막거나 없애 주지는 않겠지만, 가지고 다닌다고 해서 나를 해치거나 아프게 하는 것도 아니다.

이 책의 전제이자 약속이 바로 그런 것이다. 최악의 상황이 닥쳤을 때 그저 놀라거나 무방비 상태로 있는 것보다는 준비되어 있거나 대비하는 것이 낫다는 것 말이다. 위급 상황은 주로 '모르고 있던 사람들'에게 더 크게 일어난다. 자동차 사고, 자연재해, 폭동, 가파른 계단에서의 추락 등 재난은 살아가는 동안 적어도 한두 번은 겪을 수 있다.

이 훌륭하고 유용한 위기 대처 모음집을 읽고 편집하면서 느낀 것은, 사람은 두 부류로 나뉜다는 것이다. 최악의 상황이 일어날 수 있음을 예상하고 준비하는 쪽과 절대로 일어나지 않을 것이라 믿고 바라는 쪽으로 말이다. 이 책은 전자, 즉 세상을 위험한 곳으로 보고 유사시 어떻게 해야 하는지 정확히 알고자 하는 사람들을 위한 것이다. 이런 사람들에게 재난과 관련된 지식은 힘이 될 것이고, 이 책은 그런 유용한 지식으로 가득하다.

수많은 잠재적 재난으로 가득한 세상에서 이 책만큼 좋은 가이드북은 없다. 이 책을 쓴 조셉 프레드는 20년 이상을 공인 응급 구조 대원으로 일했고 경찰관, 소방대원, 위기 개입, 공공 안전 요원으로서의 훈련도 받았으며, 특히 공공 집회 같은 대규모 현장에서의 위험 상황을 정확히 인지하고 해결하는 분야의 전문가이다.

만약 당신이 이 세상을 아무 일도 없는, 재난이라곤 절대 일어나지 않을 안전한 곳으로 생각한다면 이 책이 필요하지 않을 것이다. 하지만 낯설고 수상한 가방을 보면 초조해지거나, 흔들거리는 엘리베이터가 안전한 상태인지 걱정이 되거나, 화재에 대비하여 안전한 곳을 찾아 두고 싶거나, 부러진 다리에 부목을 대는 방법을 알고 싶거나, 또는 자동차의 배터리를 가는 방법을 알아 두고 싶다면 이 책을 추천한다. 그리고 적당히 날카로운 주머니칼을 하나 챙기는 것도 좋은 방법이다.

〈아웃도어 라이프〉 편집장 **앤드류 맥킨**

준비가 되었는가?

응급 상황이나 재난은 영화 속 이야기 혹은 다른 누구에게만 일어나는 일처럼 느껴질 것이다. 하지만 안타깝게도 그런 위급한 상황은 모두에게 언제든 일어날 수 있다. 물론 운이 좋다면, 비교적 심각하지 않은 위급 상황이나 재난에 마주하게 될 것이다. 그러나 그것은 어떠한 방식으로든 결국에는 당신의 삶에 영향을 끼칠 것이다.

이 책은 재난과 최악의 상황에 대해 두려워하게 하거나, 인류 멸망 수준의 대재앙에 대비하고자 하는 책이 아니다. 대신, 조금 더 알고 준비된 자세로 다양한 상황에 대처하고자 하는 모두를 위한 책이다. 역경과 마주하는 것은 누구에게나 힘든 일이지만, 위급 상황을 극복할 준비가 전혀 되어 있지 않다면 훨씬 더 힘들 것이다. 반면, 위기의식을 가지고 미리 계획을 세워 힘든 상황이 왔을 때 가능한 한 차분하게 대처하는 것이 낫다는 것을 알아 간다면, 상황을 극복하고 이겨 낼 수 있을 것이다.

여러분 중 이미 몇몇은 안전, 재난 그리고 준비에 대해 가볍게 생각하거나 적절치 못한 대응을 하여 좋지 않은 경험을 했을 수도 있다. 이 책은 선명한 시각 자료와 함께 쉽게 이해할 수 있도록 정보를 제공하고, 너무 다양한 정보나 많은 준비물로 인해 혼란스러울 수 있는 부분들에 대해서는 주제별로 간단하게 정리해 놓았다.

다방면의 기술과 전략들을 소개하면서, 그것들을 여러 가지 상황들에 잘 적용할 수 있도록 도울 것이다. 참고서이자 안내서로서 폭넓게 이용할 수 있을 것이고, 필요에 따라 가장 적절하다고 생각되는 부분들만 골라서 읽을 수도 있을 것이다. 어느 쪽이든, 이 책으로 인해 준비성을 더 갖추고 올바른 위기의식을 가지길 바란다. 그러면 나와 내 주변에서 일어날 수 있는 일련의 위험한 상황들에 대해 잘 이해하고, 기술을 더 익히기 위해 배우고, 나아가 필요로 하는 곳에 자원하여 도움을 주는 수준까지 올라갈 수 있을 것이다.

재난에 대한 대처 방법이 낯설고, 이런 유형의 책을 처음 접하는 사람이라면 이 책을 스스로를 도울 일종의 도우미로 생각하고 가족까지 도와주면 좋겠다. "완전히 알아야 한다."는 강박에 사로잡히지 말고, 당장 모든 기술을 익히려고 애쓰지도 말자. 대신, 궁금했던 부분들을 알아 가며 어떤 문제라도 해결할 수 있을 기술과 행동을 배운다고 생각하자. 배울 것들이 매우 많지만 그저 당신을 '희생자'가 아닌 실제 '생존자'로 만들어 줄 것들이니, 어디 한 번 따라가 보자, 하는 마음으로 읽길 바란다. 만약 당신이 이미 72시간 응급 키트를 가지고 있고, 이 책은 그저 더 많은 정보를 얻기 위해 읽기 시작한 것이라면, 더 강화된 계획과 준비, 실제 상황의 해결에 대한 새로운 방법 등을 배울 수 있을 것이다. 어느 쪽이든, 이제 다양한 지식들을 배울 의무가 생겼기를 바란다.

저자 **조셉 프레드**

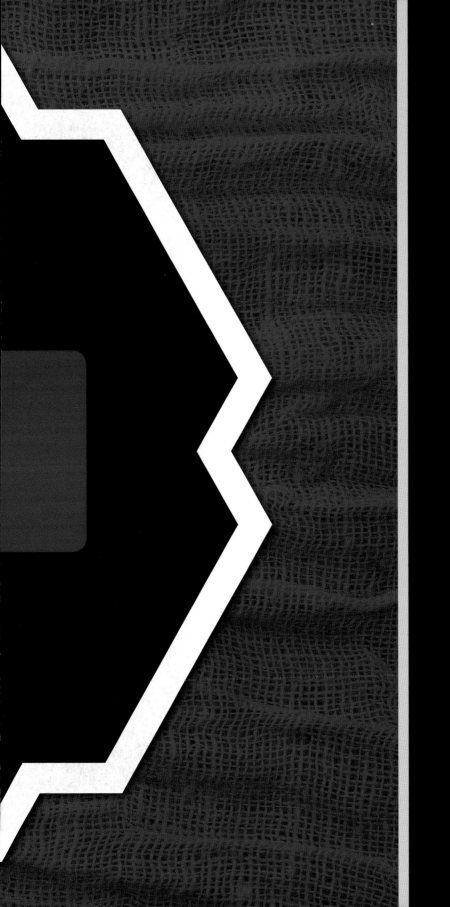

새로운 기준

즐거운 캠핑 여행도
비극이 될 수 있다

목장에서 친구가 말을 쓰다듬고 있었다. 그런데 갑자기 말이 친구의 머리를 발로 찼다. 친구는 머리에 상처가 나 피가 흐르고 있었음에도 불구하고 우리 쪽으로 비틀거리며 걸어오려 했다. 다행히도, 훈련받은 의료 지식으로 나는 친구의 상태를 파악할 수 있었고(찢어지긴 했지만 뼈에 이상은 없었다.), 안전하게 목장 밖으로 이동시켜 병원으로 데려갔다.

공공 안전을 위한 나의 직업은 많은 것을 변화시킬 수 있는 동시에 가깝고 소중한 사람들을 도울 수 있다는 면에서 가장 의미가 있었다. 다른 사람을 도울 수 있는 기술을 가진다는 것은 무서울 수 있는 상황을 감당할 수 있는 상황으로 바꿀 수 있다는 것도 알게 되었다.

어려운 상황에서 어떻게 해야 할지 모르는 것은 끔찍한 일이다. 해결할 기술이 없을 때엔 훨씬 더 끔찍하다. 위기의 순간에 응급 구조 대원이 바로 나타나 주기를 기대하지만, 때에 따라서는 스스로 혹은 주변 사람들의 도움으로 해결해야 할 때도 있다. 이번 장에서 소개할 기술과 장비들은 일상부터 재난에 이르기까지, 다양한 상황에 잘 대처하는 데에 도움을 줄 것이다.

쉽게 스트레스에 지치고 당황하는 편인가? 이 책을 통해 올바른 상황 인식과 위기 관리 기술이 얼마나 많은 상황들을 해결해 주는지 알 수 있을 것이다. 응급 처치가 궁금한가? 쇼크가 왔을 때, 발작이 왔을 때, 출혈이 클 때 어떻게 해야 하는지 배워 보자. 스스로를 보호할 준비가 되어 있는가? 그저 주먹을 휘두르는 것이 아닌, 상황에 맞게 기지를 발휘해 공격을 막는 여러 가지 방법들을 알아보자. 당신이 얼마나 준비된 사람인지 확신이 서지 않는가? 다가올 응급 상황에 대비해 도구, 치료용품, 약, 장비 등에 대한 간단한 지식을 배워 두자. 기본적인 기술이나 도구를 적절하게 갖추는 것이 위험에 맞서는 첫 번째 단계이기 때문이다.

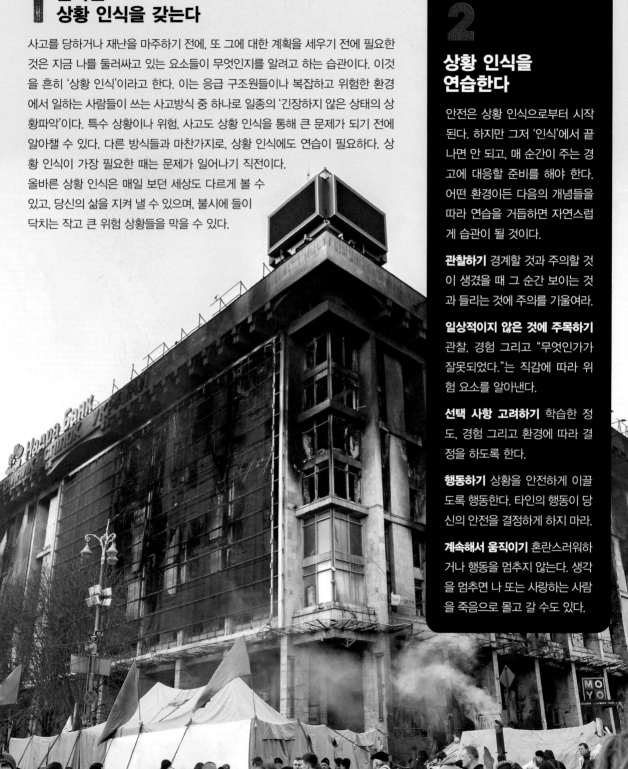

1 올바른 상황 인식을 갖는다

사고를 당하거나 재난을 마주하기 전에, 또 그에 대한 계획을 세우기 전에 필요한 것은 지금 나를 둘러싸고 있는 요소들이 무엇인지를 알려고 하는 습관이다. 이것을 흔히 '상황 인식'이라고 한다. 이는 응급 구조원들이나 복잡하고 위험한 환경에서 일하는 사람들이 쓰는 사고방식 중 하나로 일종의 '긴장하지 않은 상태의 상황파악'이다. 특수 상황이나 위험, 사고도 상황 인식을 통해 큰 문제가 되기 전에 알아챌 수 있다. 다른 방식들과 마찬가지로, 상황 인식에도 연습이 필요하다. 상황 인식이 가장 필요한 때는 문제가 일어나기 직전이다.

올바른 상황 인식은 매일 보던 세상도 다르게 볼 수 있고, 당신의 삶을 지켜 낼 수 있으며, 불시에 들이닥치는 작고 큰 위험 상황들을 막을 수 있다.

2

상황 인식을 연습한다

안전은 상황 인식으로부터 시작된다. 하지만 그저 '인식'에서 끝나면 안 되고, 매 순간이 주는 경고에 대응할 준비를 해야 한다. 어떤 환경이든 다음의 개념들을 따라 연습을 거듭하면 자연스럽게 습관이 될 것이다.

관찰하기 경계할 것과 주의할 것이 생겼을 때 그 순간 보이는 것과 들리는 것에 주의를 기울여라.

일상적이지 않은 것에 주목하기 관찰, 경험 그리고 "무엇인가가 잘못되었다."는 직감에 따라 위험 요소를 알아낸다.

선택 사항 고려하기 학습한 정도, 경험 그리고 환경에 따라 결정을 하도록 한다.

행동하기 상황을 안전하게 이끌도록 행동한다. 타인의 행동이 당신의 안전을 결정하게 하지 마라.

계속해서 움직이기 혼란스러워하거나 행동을 멈추지 않는다. 생각을 멈추면 나 또는 사랑하는 사람을 죽음으로 몰고 갈 수도 있다.

3 인식 등급의 색깔

각 상황들에 등급을 매기면 상황 인식을 더 잘 이해할 수 있다. 중요한 것은 이 방법을 통해 스트레스를 관리할 수도 있고, 매 순간의 긴장 상태를 의식적으로 등급화할 수 있다는 것이다. 종종 이런 질문을 던져 보자. "지금 나는 무슨 색깔인가?"

흰색(부주의) 공상에 잠겨 있다. 주변의 위험 요소를 전혀 알아채지 못하는 상태이다. 심지어 반응할 준비도 되어 있지 않다. 산만함, 감정적인 상태, 잘못된 안전 의식 등은 상황 인식을 더 못하게 만들 수 있다. 또한 수면 부족이나 통증, 스트레스, 중독과 같은 물리적인 문제들도 부주의의 원인이다. 흰색 등급은 핸들을 잡은 채로 졸고 있는 것과 같은 상황이다.

녹색(안심) 낮은 인식 등급으로, 매우 안전한 장소에서 일어난다. 거의 일어나지 않을 법한 어떤 일이 일어났을 때 인식 등급을 노란색으로 바꿀 준비가 되어 있다. 안전한 동네나 편안한 집에서 느끼는 감정과 비슷하다. 주황색이나 빨간색의 상황을 처리하고 귀가한 후 다시 녹색으로 인식 등급을 바꾸는 것은 의식적으로 스트레스를 다스릴 수 있는 중요한 과정 중 하나이다.

노란색(주의) 차분하게 경계하면서, 주변에 대해 편안한 인식을 가지고 있다. 응급 대원들이 근무 중에 가지는 등급이다. 이 등급에서 당신은 모든 것에 대한 관찰자가 된다. 사람, 동물, 환경 조건 그리고 지역의 배치와 지형 등을 인식하며, 상황이 바뀌면 빠르게 대응할 수 있다. 복잡한 도로에서의 운전 중 일상적으로 방어하는 조심성과 비슷한 단계라고 할 수 있다.

주황색(문제 발생 가능) 문제가 일어날 수 있는 상황으로, 안전에 위협이 될 정보들을 인식하기 시작한다. 무엇인가가 잘못되었다는 것을 인지하고 상황에 대응할 방법들을 생각해 보기 시작한다. 대책을 강구하고 안전한 곳으로 이동하거나 일이 커지기 전에 상태를 바꿀 가장 이상적인 타이밍이다. 이 등급은 굉장히 나쁜 날씨 속이나 얼어붙은 도로 위를 운전할 때 필요한 주의력과 비슷한 단계이다.

빨간색(위험) 곤경에 빠졌다. 안전을 위해 당장 조치를 취하고 스스로를 보호해야 한다. 선택 사항들을 고르고 가늠하기에는 이미 늦었다. 즉시 목표를 정하고 탈출 경로를 만들고 움직여야 한다! 이 등급은 나쁜 날씨 속에서 매우 빠른 속도로 달리고 있는데 앞에서 다른 차가 당신을 향해 달려오고 있는 상황과 같다. 상황 인식을 연습해 왔다면 거의 본능적으로 상황을 판단하고 대응할 수 있을 것이다.

검은색(공황) 당신은 지금 공황 상태이다. 너무 많은 생각들이 스치고, 즉시 행동하지 못한다. 아마 두려움과 결정 장애를 동시에 겪으며 공황 상태에 빠지거나 적절치 못한 행동을 할 것이다. 의식을 하고 있든 안 하고 있든 말이다. 이런 경우는 사고로 다른 차와 부딪쳤고 차는 뒤집혔으며 당신은 차 안에서 얼어붙어 있는 상태와 비슷하다. 무슨 일이 일어났는지도 모르거나 왜 차가 뒤집혔는지 모를 수도 있다. 그저 살아있는 것이 다행일 뿐!

4 감각의 날을 세운다

상황 인식은 일상 속에서 실천하는 것이 가장 이상적이고, 다른 기술과 마찬가지로 훈련과 연습을 통해 유지하는 것이 좋다. 연습할 기회는 얼마든지 찾아온다. 어떠한 환경이든 안전을 위협할 요소들을 가지고 있으므로 어디를 가든 상황 인식은 최우선되어야 한다. 다음의 간단한 행동들을 통해 자연스럽게 관찰력을 높일 수 있다.

주의 산만함 없애기 핸드폰으로 채팅을 하거나 헤드폰을 끼고 음악을 듣는 등의 행동은 그렇게 위험해 보이지는 않지만, 상황 인식에는 좋지 않은 행동들이다. 집중하지 못하게 하는 행동, 산만한 행동들은 주변 상황 인식을 방해한다. 상황 인식 등급을 높여야 될 것 같다는 느낌이 들면 음악을 끄고, 핸드폰을 손에서 내려놓는다. 만약 통화 중이라면, 상대방에게 위치와 상황을 알리고 몇 분 안에 다시 연락을 하지 못한다면 도와 달라고 청한 후 통화를 끝내고 주의를 기울이기 시작한다.

주변 확인하기 시내든 교외든 자신의 위치와 주변에 주의를 기울이고 목적지를 확인한 후 만약을 대비하여 다른 길도 확인해 놓는다. 위험 요소들도 예상해 본다. 상하좌우를 모두 살펴야 한다. 부주의한 사람에게는 어두운 골목뿐만 아니라 밝은 공원도 위험한 장소가 될 수 있다.

사람들 관찰하기 낯선 사람을 지나치게 많이 쳐다보지 않는다. 당신의 시선을 위협으로 느낄 수도 있다. 반면에 너무 아래만 쳐다보는 것도 겁먹은 것 같아 보인다. 몸으로 자신감을 드러내자. 어디를 가든 주변의 사람들을 확인하고, 그들을 주부, 회사원, 부랑자, 범죄자일 것 같은 사람 등으로 간단하게 분류한다. 이렇게 하면 그들이 위협적인 행동을 하는지 주의를 기울이기 쉬워진다.

모든 감각 동원하기 상황 인식을 유지하기 위해 모든 감각을 쓰도록 한다. 후각과 청각은 특히 뒤에서 일어나거나 보이지 않는 곳의 상황 인식에 상당한 도움이 된다. 본능을 믿고, 당신의 육감이 위험을 알리고 있다면 그렇지 않다는 사실을 확인할 때까지 그 느낌을 신뢰하라. 무언가 이상하다고 느껴진다면, 그 느낌이 맞다.

5 뒤를 조심한다

뒤를 따라 걸어오는 사람은 보통 그저 같은 길을 걷고 있는 행인이지만, 종종 범죄를 저지르기 위해 따라붙은 사람일 수도 있다. 본능의 소리에 귀를 기울이고 희생자가 되지 않도록 행동을 취해야 한다. 여기 몇 가지 전략이 있다.

담담하기 따라오는 사람과 괜히 정면으로 맞서지 않는다. 안전한 방법을 찾는 것에 집중하도록 한다.

비추어 보기 창문이나 거울을 통해 뒤의 상황을 확인한다. 고개를 돌려 뒤를 보거나 몸을 돌리지 말자. 잘못하면 상대방에게 당신의 약점을 내주게 될 수 있다.

경로 바꾸기 방향을 바꾸거나, 길을 건너거나, 여러 번 길을 돌려 걸으면 진짜 나를 따라 오는 것인지 확인할 수 있다.

카메라 이용하기 CCTV를 찾아 뒤따라오는 사람이 촬영되는 범위 내에서 걷도록 한다. 또 다른 방법은 핸드폰의 동영상 모드를 켜고 무슨 일이 일어나고 있는지 모두 촬영하는 것이다. 단, 대놓고 의심스러운 사람 쪽으로 카메라를 향하거나 들이대지 않는다. 그저 핸드폰을 사용하는 것처럼 자연스럽게 들고 가능한 한 그 사람의 모습을 담도록 한다.

안전한 길로 가기 밝고 넓은 길로 가고, 골목이나 텅 빈 거리 같이 인적이 드문 곳은 피한다.

공공장소로 가기 버스나 지하철, 전철과 같은 대중교통을 이용한다. 사람이 많은 곳일수록 좋다. 따라오던 사람이 같이 내리려고 하면 문이 닫히기 직전에 내린다.

시간 벌기 가게로 들어가거나, 사람이 많은 곳으로 간다. 주변에 사람이 많을수록 안전하다. 영화표를 구입한 후 영화가 시작하면 비상구를 통해 빠져나오는 등의 방법을 구상해 본다.

도움 청하기 친구나 가족에게 연락하거나 경찰차가 보이면 태워 달라고 요청한다. 심각한 상황이라 느껴지면 바로 경찰서에 신고한다.

군중 속에 있기 많은 사람들 속에 들어가 한가운데에서 걷는다. 가능하면 다른 사람 뒤나 앞에 숨어 수상한 사람의 시야에서 사라져라. 이 방법이 혼자 빠르게 걷는 것보다 안전하다.

6 무의식적 행동을 지양한다

이런 기분을 느낀 적이 있을 것이다. 익숙한 출퇴근길을 운전해 가거나 지하철을 타고 갔는데, 어떻게 왔는지 잘 모르는 채로 어느 새 회사에 와서 앉아 있을 때의 그 느낌. 이것이 바로 무의식적 행동 중 하나이다. 이는 상황 인식을 하는 데에 굉장히 위험한 요소로 작용될 수 있는 행동이다. 편안한 상황 인식 상태(노란색)에 의식적으로 머물면 이런 행동을 피할 수 있다. 무의식적 행동은 노란색이어야만 할 때 흰색인 상태와 같다고 볼 수 있다(3번 항목 참조).

7 우다 사이클을 따른다

우다 사이클(OODA LOOP)은 본래 군사 전략가가 만든 것으로, 관찰(Observe), 방향 설정(Orient), 결정(Decide), 행동(Act)을 의미한다. 즉, 관찰하고 대응 방향을 정하고 최선의 대응책을 결정하여 행동에 나선다는 전략이다. 전쟁, 비즈니스 등에 있어서 효율적 의사 결정 및 지휘와 통제의 과정을 말하는 것인데, 생존, 소송, 스포츠, 정치 그리고 사업 등을 포함한 여러 환경에서 유용하게 쓰인다. 반응이 필요한 상황에서 적절한 대응을 준비하는 데에 필요한 간단한 토대이기도 하다.

우다 사이클은 불확실하거나 변화하는 상황에서조차 도움이 된다. 개인적인 방어가 필요한 상황이나 재난 둘 다에 적용될 수 있으며, 어떤 상황에서도 유용하게 적용되는 전략이다. 연습을 통해서 보다 빠르고 효과적으로 '결정' 단계로 넘어갈 수 있고, 상황에 대한 빠른 이해는 큰 위기를 넘길 수 있게 해준다.

이 사이클을 따라가면서, 변하는 상황들에 따라 언제든 다시 사이클을 시작할 마음을 가져야 한다. 역동적으로 변하는 상황 속에서는 대응 방향을 끊임없이 새로 정해야 하기 마련이다. 이미 변해 버린 상황에서 원래의 계획을 실행하는 것은 의미가 없기 때문이다.

관찰하기 상황 인식을 이용하여, 감각과 다른 요소들을 통해

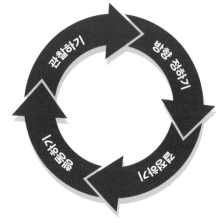

모은 정보를 가능한 한 많이 모은다. 상황에 직접적 또는 간접으로 영향을 끼치는 어떠한 요소도 가능하도록 한다.

방향 정하기 가지고 있던 편견이나 경험, 규범을 통해 현 상황을 분석한다. 그리고 이 정보들을 이용해 상황에 대한 관점을 업데이트한다. 새로운 정보가 많아지면 그것들을 빠르게 통합하여 대응 방향을 정한다.

결정하기 변하는 상황에서의 결정은 확정된 것이 아니다. 유동적인 것이고 사이클에 따라 재정비되어야 하며, 관찰과 방향 설정 단계에서 어떠한 변화라도 생기면 빠르고 적절하게 적용되어야 한다.

행동하기 결정에 따라 움직이되, 행동의 효과를 평가하면서 즉시 '관찰' 단계로 돌아가도록 한다.

8 연습을 통해 완벽한 주의력을 갖는다

일상적인 활동을 하고 있을 때, 상황 인식을 어떻게 할 것인지를 의식적으로 연습해야 한다. 어떤 사람들은 관찰하는 것에 대해 큰 소리로 말하거나 친구 또는 가족과 함께 함으로써 상황 인식을 위한 눈과 귀를 두 배로 늘릴 수 있어 도움이 된다고 한다. 주목해야 될 요소들에 대해 주의를 기울이고 있는지 확인하는 무작위 질문들을 해 달라고 주변 사람들에게 부탁해 보자. 비상 대피 경로를 알아 두었는지, 특정 발생 문제에 대해 어떤 결정을 할 것인지에 대해서도 물어봐 달라고 한다. 이런 가상 훈련을 규칙적으로 한다면 실제 상황에서 더 나은 결정을 할 수 있을 것이다.

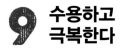

9 수용하고
극복한다

프로이센 참모 총장인 헬무트 폰 몰트케가 했던 유명한 말이 있다. "적과 마주치면 모든 계획은 사라진다." 계획할 때와 변화에 대응할 때에는 유연한 사고를 가지는 것이 중요하다. '적'은 험한 날씨가 될 수도, 지진이 될 수도 있고 교통사고가 될 수도 있다. 예상치 못했던 그 어떤 것도 위협이 되거나 계획을 방해할 수 있는 것이다. 계획을 짜되 변하는 상황에 따라 융통성 있게 조절하도록 한다. 융통성 없이 계획에 따라서만 처리하고자 한다면 그만큼 주어지는 기회들도 한정적일 것이다.

10 구급 전화를 이용한다

세계 어느 곳이나 구급 전화번호는 있다. 현재 대부분의 나라에서 3자리 숫자로 된 구급 번호를 사용하고 있고, 보통 하나 이상의 구급 번호가 있다.

해외로 여행을 간다면, 그 나라의 구급 전화번호를 미리 핸드폰에 저장해 두자. 만약 당신이 사는 나라의 구급 번호가 119인데 구급 번호가 112인 스웨덴으로 여행을 간다면, 핸드폰에 '119 스웨덴'으로 저장해 두는 것도 좋다. 다급하고 당황스러운 상황에 처했을 때엔 익숙한 번호가 먼저 떠오르기 때문이다. 여러 나라의 구급 번호가 저장되어 있는 앱을 스마트폰에 깔아 두는 것도 좋은 방법이다.

11 직통 번호를 알아 둔다

세 자리의 대표 구급 전화번호 외에 해당 지역의 경찰서, 소방서, 또는 구급 의료 서비스 번호를 알아보고 핸드폰에 저장해 두자. 어떤 지역의 세 자리 구급 번호는 당신의 전화를 중앙 본부로 연결되어 위치 추적을 하기도 하는데, 이렇게 되면 도움을 받기까지 시간이 더 걸릴 수 있다.

직통 번호로 전화를 걸면 이런 단계들을 건너뛸 수 있고, 세 자리 구급 번호가 통화 중이거나 연결되지 않을 때에도 큰 도움이 된다.

12 스스로 해결한다

이 책은 두 가지의 다른 위급 상황들을 동시에 다룬다. 하나는 일상에서 일어나는 일이고 다른 하나는 큰 사건이나 지역적인 재해나 재난 같은 것이다. 두 상황 모두 도움이 필요할 것이고, 일반적으로는 구급 전화를 거는 것이 가장 쉽고 좋은 방법이 될 것이다. 하지만 큰 사건이나 재해가 일어났을 경우엔 전화가 되지 않을 수도 있고 구급품들이 부족할 수도 있다. 그럴 때는 가지고 있는 것들에 의존하여 맞닥뜨린 상황을 스스로 해결해야 한다. 구급차가 올 수 없는 상황이라면, 다친 사람들을 병원으로 옮기는 작업을 도와야 할 수도 있다.

13 전문가의 도움을 받는다

훈련된 응급 구조원이나 의료 전문가가 아니라면, 이 '기술편'은 그동안 해 보지 않았던 것에 대한 내용일 것이다. 일상 속에서는 이런 기술을 굳이 사용하지 않아도 되며, 이 책에 수록되어 있는 교육용 자료들은 전문적 훈련이나 의료 관리를 내제하는 것들이 아니다.

경우에 따라 이 책을 최후의 수단으로 고려할 수도 있겠지만, 재난 시에는 살아남기 위한 당신만의 기지와 결정에 의존하는 것이 좋다. 그러나 가능하면 스스로 무엇인가를 하기보다는 능숙한 전문가의 도움을 받도록 하자. 스스로 더 준비하고 싶다면, 재난 구호 대원들처럼 훈련을 받아 기술과 경험을 쌓고 재난에 대비하는 것을 고려해 본다. 스스로를 돕는 것 뿐 아니라 이웃과 지역 사회를 도울 수도 있을 것이다.

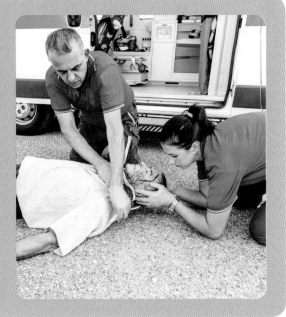

14 스트레스를 이해하고 받아들인다

스트레스는 우리의 일부와 같은 것이다. 사람들은 학교, 직장, 가정 등의 다양한 일상 속에서 여러 가지 스트레스를 받으며 살아간다. 하지만 위급 시에나 큰 사고가 일어났을 때는 극심한 스트레스를 받게 된다. 따라서 스트레스가 자신과 다른 사람에게 끼치는 영향에 대해 이해하는 것은 자기 관리와 타인을 돕는 데에 있어 중요한 일이다.

재난 상황을 보거나 겪은 모두가 어떤 형태로든 영향을 받는다. 이를테면, 사고를 겪은 사람이 안전에 대해 불안감을 느끼는 일은 매우 당연하다. 불안을 넘어 깊은 슬픔이나 고통, 분노를 느낄 수도 있다. 이러한 반응이나 감정을 당연하게 받아들이면 조금 더 빠르게 회복할 수가 있다. 경험을 종합하는 것은 시간이 오래 걸리는, 쉽지 않은 일이다. 도저히 스스로 감당하기 힘든 상황이면, 정신 건강 전문가나 단체의 도움을 받도록 한다.

15 스트레스의 징후를 알아챈다

스트레스를 다루는 방법은 사람에 따라 다르지만, 극심한 스트레스의 징후를 보이는 사람에게는 전문가의 도움이 절실하게 필요하다.

큰 스트레스를 받으면 심한 피로나 뜻밖의 질병, 낫지 않는 감기 같은 증상, 터널 증후군, 이명, 두통, 소화 장애, 거식증 등의 신체적인 반응이 나타나기도 한다. 정신적으로는 혼란스럽고 진정되지 않고 대화하거나 집중하는 것이 힘들어지기도 한다. 이런 감정들은 때로 슬픔, 죄책감, 좌절감부터 공포, 분노, 철저한 부정, 정서 불안으로까지 이어진다. 혹은 과잉 행동이나 과민함에 시달리기도 하고, 악몽이나 수면 장애, 심한 감정 기복, 감정 폭발을 경험하기도 한다. 고립되어 있다고 느끼고, 대인 기피증이 생기거나 혼자 있는 것을 두려워하기도 한다.

16 대리 외상을 이해한다

사고로 인하여 사람들이 간접적으로 받는 2차적인 외상, 즉 대리 외상에 대해 이해하는 것은 매우 중요하다. 대리 외상 증후군은 응급 구조원들이나 재난 구호 봉사 대원들, 피해자나 지역에게 도움을 준 가족 구성원이나 집단, 심지어 보도를 통해 상황을 접하는 사람에게도 일어난다. 이런 식으로 나 또는 누군가가 영향을 받을 수 있고, 직접 일을 겪은 사람들과 마찬가지로 2차적인 외상을 입을 수 있다는 것을 이해하는 것이 중요하다. 재난의 직접적 희생자와 마찬가지로, 상황 발생 시 '그곳에 없었지만' 극심한 스트레스를 받는 사람도 스트레스 관리를 받아야 한다.

17 정신 건강을 관리한다

스트레스를 관리하고 극복하며 다른 사람들의 스트레스 관리를 도와주는 방법에는 여러 가지가 있다. 보통 자신에게 가장 좋은 방법을 알고 있겠지만, 집단 프로그램이나 지원을 통해 도움을 받으면 더 쉽게 회복할 수 있다. 재난이 광범위하게 일어났을 때, 가족과 친구, 종교의 도움도 좋은 영향을 끼치므로 다양한 도움을 섞어서 받아 보는 것도 좋은 방법이다. 신체적, 감정적, 심리적, 정신적 어려움을 겪을 때, 보호와 도움이 필요하다는 사실을 알아 두자.

몸 돌보기 충분한 수면을 취하고 운동을 하며 영양가가 있는 음식을 섭취한다. 일과 취미, 여가 시간 사이의 균형을 찾아 시간을 효과적으로 사용한다.

다른 사람과 유대 맺기 가족이나 친구와 시간을 보낸다. 도움을 주는 것만큼 받는 것에도 익숙해지자. 사고 후 가능한 한 빨리 가족 관계와 일상을 재정립하고, 자신과 가족에게 책임을 전가하지 않도록 한다.

사기 충전하기 심리적 안정을 위해 알고 있는 것들을 활용하고 정신 건강 전문가와 대화하는 것을 긍정적으로 생각한다. 힘들더라도, 누군가 편한 상대에게 현재 상태와 감정에 대해 털어놓는다. 그렇다고 스스로나 다른 사람에게 반드시 그래야 한다는 압박감을 주지는 말자.

18 안전을 위한 보호구 갖추기

아이러니하게도, 개인용 보호구(PPE)는 일반적인 상황의 안전을 위한 것이 아니라 방어를 위한 최후의 수단으로 사용하는 것이다.

전통적인 위기 관리에서 위기를 처리하는 가장 좋은 방법은 위험 요소를 다 없애거나, 대응하기 전에 더 안전한 요소들로 대체하는 것이다.

관리 통제 기관의 경고와 안전 모니터링을 통해 위기의식을 높이는 것도 좋은 방법이다.

하지만 실제 재난 상황에서는, 개인용 보호구가 방어에 유일한 도구이므로 그것을 구비하는 것이 중요하다.

19 마스크를 착용한다

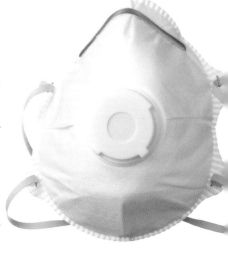

유해한 화학 물질과 독소가 유출되었을 경우 마스크만으로도 폐와 건강을 보호할 수 있다. 방진 마스크는 여러 종류와 등급으로 만들어져 있는데, 방진 마스크의 미립자 필터는 일회용이거나 교체가 가능하다. 먼지, 안개, 액체, 연기 같은 부유 미립자들은 막을 수 있지만 가스나 수증기를 막지는 못하므로 마스크의 용도를 살피는 것이 필요하다.

미국 국립 산업 안전 보건 연구소(NIOSH)에서는 미립자 필터에 알파벳과 숫자로 등급을 매겨 놓았다. 알파벳 등급은 N(내유성 없음), R(8시간 지속되는 내유성), P(8시간 이상 지속되는 내유성)이다. 그리고 미세 입자들을 막아 내는 비율에 따라 95, 97, 또는 100으로 등급이 나뉜다. 100 등급은 고성능 필터

(HE 또는 HEPA) 로 간주된다.

가장 흔한 일회용 방진 마스크는 N95로, 부유 입자를 95퍼센트 막고 내유성이 없는 마스크이다. N95는 기본적인 것들뿐만 아니라 사상균, 알레르기 유발 물질, 공기 전염병 또한 막아 주는 필수 보호 장비이다. 더 높은 등급의 보호 장비를 사용하고 싶다면 P100을 선택하도록 한다.

20 안전하게 착용한다

가장 안전하게 보호용 마스크를 쓰고자 할 때 유용한 몇 가지 팁이 있다. 코 부분을 밀착되게 조절할 수 있는 마스크가 착용감이 좋지만, 고무 패킹이 있는 일회용 마스크가 더 쾌적하고 효과적이다. 배기 밸브가 있는 마스크를 쓰면 숨쉬기가 편하다. 석면 노출 같은 고위험 환경에서는 밀폐 개스킷 부착 마스크를 선택하는 것이 좋다. 목이나 코, 폐를 자극하는 것 같거나 냄새, 맛 등이 느껴지면 마스크나 필터를 새로 바꾼다.

21 알맞은 마스크를 착용한다

문제가 되는 물질에 따라 어떤 마스크를 써야 하는지는 다음과 같다.

등급	물질
N95(KF94) 또는 그 이상	알레르기 유발 물질, 박테리아나 바이러스, 표백제, 먼지, 비석면계 섬유, 단열 처리 자재, 곰팡이, 화분, 사포나 용접 후 잔해물
N100(KF99) 또는 HE	석면, 납
R95 또는 그 이상	페인트, 살충제, 스프레이

22 좋은 장갑을 구비한다

보호용 장갑에는 무수히 많은 종류가 있는데, 각기 다른 위험에 적합한 용도로 만들어져 있다. 몇 가지 기본적인 장갑의 장단점을 알아 두고 개인용 보호구로 준비하도록 한다.

의료용 장갑(또는 수술 장갑)의 경우(Ⓐ) 니트릴 장갑이 가장 좋다. 이 장갑은 최근 의료계에서 우려가 증가하고 있는 라텍스 알레르기로부터도 안전하다. 용이한 작업을 위해서는 질감이 좋은 장갑을 구비해 두는 것이 좋다. 비닐이나 폴리에틸렌 장갑을 쓸 수도 있지만, 보호성이 떨어지는 편이다. 체액 등으로 오염되면 안전을 위해 폐기해야 하므로 고가의 내구성 높은 장갑도 적절치 않다.

다목적 작업용 장갑으로는(Ⓑ), 최신 하이브리드형을 추천한다. 가죽, 플라스틱 그리고 다른 것들과 함께 합성 섬유로 만든 것이 사용감도 좋고 내구성과 착용감이 좋다. 적절하게 균형을 맞춘 하이브리드형 장갑은 한두 가지 소재로만 만들어진 장갑의 성능을 능가한다. 이를 테면 두꺼운 천 장갑이나 가죽 장갑은 하이브리드형 장갑보다 더 튼튼하겠지만 길들이는 데 오래 걸리고 불편하며 손에 물집이나 상처를 만들 수도 있다.

전술 장갑(Ⓒ)은 경찰 장갑으로도 알려져 있는데, 응급 처치나 수색 구조 작업용을 제외한 여러 용도로 쓰기에 좋다. 케블러 소재의 안감이 있어 구멍이 생기거나 찢어지는 일이 드물고 착용감과 보온성이 좋다. 폭동 진압용 장갑이나 수색용 장갑은 피하는 것이 좋다. 전자는 위협적으로 보여 싸움을 일으킨다는 오해를 살 수가 있고, 후자는 사물 등의 세심한 수색을 위해 만들어졌기 때문에 보온성이 현저히 떨어진다.

Ⓐ

Ⓑ

Ⓒ

23 장갑을 자주 바꾼다

일회용 의료 장갑은 시간이 지날수록 성능이 떨어져 응급 치료 시 체액의 전염 가능성을 막는 효과가 떨어진다. 의료용 장갑은 환자를 대할 때마다 바꿔 끼는 것이 기본이지만 다른 상황에서는 같은 장갑을 몇 시간 동안 끼고 있는데, 절대 권하고 싶지 않다. 손에서 나오는 유분과 로션, 화학 물질, 열, 살균제 그리고 다른 다양한 요소들이 일회용 장갑의 성능을 떨어뜨리므로, 의심스러울 때면 주저 없이 장갑을 바꾸도록 하자.

24 영웅이 되려고 하지 않는다

최고의 개인용 보호구로 무장하면, 스스로가 마치 수퍼 히어로라도 된 것처럼 느껴질 것이다. 하지만 현실은 그렇지 않다. 개인용 보호구는 갑옷이 아니며, 착용하지 않았을 때와 마찬가지로 여전히 위험에 노출되어 있다. 착용하고 있는 장비들로 인한 지나친 자기 과신을 버려야 한다. 개인용 보호구는 최후의 수단이며, 위험 상황을 처리하는 가장 좋은 방법은 가능한 한 위험 요소를 제거하는 것이다.

만약 재난이나 응급 사고에서 구조 임무를 맡아야 하거나 공무를 수행하는 중이라면, 임무 수행을 위한 적절한 장비가 필요하다. 개인용 보호구로 전신에 착용해야 할 것이 무엇

사 전 준 비

헬멧 플라스틱으로 만든 건설용의 단단한 모자로, 떨어지는 잔해 등으로부터 머리 부상을 방지한다.

귀 보호 장비 작업용 또는 건설용 귀마개를 쓰면 청각 손상의 위험을 줄일 수 있다.

장갑 잔해를 처리하거나 손을 보호하기 위해서 두꺼운 천이나 가죽으로 된 야외 작업용 장갑이 필요하다. 액체로부터의 오염을 막기 위해서는 라텍스 재질이 아닌 의료용 장갑 역시 필요하다.

신발 서 있기 위해서는 발도 보호해야 한다. 앞부리에 쇠가 박히고 튼튼한 가죽으로 만들어진 작업용 신발이 가장 좋다.

눈 보호 장비 제대로 단단하게 착용한 좋은 고글은 잔해나 튀는 액체로부터 눈을 보호해 준다.

마스크 N95 등급의 필터나 헤파 (HEPA) 필터 마스크는 전염병이나 다른 공기 감염을 막는 최고의 선택이다.

반사 조끼 반사 조끼는 당신이 구조 요원임을 나타내거나, 어둠 속에서도 쉽게 눈에 띌 수 있게 해 준다.

무릎 보호대 구조를 하다 보면 계속 서 있게 되지 않는다. 특히 돌무더기를 파헤쳐야 할 경우 등을 위해 무릎 보호대를 착용한다.

인지 살펴보자. 적절한 훈련을 받지 못해 준비를 못했거나 적당한 장비가 없는 경우, 급조한 즉석 개인용 보호구도 없는 것보다는 나으니 즉석에서 준비한다.

즉석 준비

눈 보호 장비 고글이 이상적이지만, 선글라스나 일반 안경을 쓰는 것만으로도 눈 보호에 도움이 된다.

마스크 방진 마스크나 두건은 감염 위험이 있는 환경에서 가장 좋은 보호구는 아니지만 비상시에는 필요하다.

조끼 반사 조끼가 없다면 조금이라도 밝은 색의 눈에 띄는 옷을 찾아보자. 형광색이나 화려하게 염색된 조끼 같은 것으로 대신한다.

신발 장화나 등산화는 작업용 신발처럼 튼튼하지 않다. 하지만 샌들이나 운동화보다는 발을 잘 보호해 줄 것이다.

헬멧 어떤 것을 쓰든 없는 것보다는 낫다. 예를 들어 자전거용 헬멧은 이미 충격으로부터 머리를 보호하는 용도로 만들어졌기 때문에, 적절한 선택이 될 것이다.

귀 보호 장비 일회용 고무 귀마개는 청각을 보호해 줄 것이다. 다만 깨끗하게 보관해야 하고 잠시 뺄 때마다 잃어버리지 않게 조심해야 하므로 번거로울 수 있다.

장갑 원예용 장갑이나 주방용 고무 장갑, 청소용 장갑도 손을 보호하는 데에 도움이 될 수 있다.

26 테이프와 친해진다

테이프에도 다양한 종류가 있고 사용처가 각각 다르다. 목적에 따라 테이프를 골라 사용해 보자.

1 일반용 덕트 테이프는 매우 유용하게 쓰이는 것으로 폴리에틸렌을 덧댄 합성 면직물로 만들어져 질기고, 고접착성 접착제로 코팅되어 있다. 방수 포장도 가능하기 때문에 공조 시스템의 설치에도 쓰이고 즉각적인 수리가 필요한 대부분의 경우에도 쓸 수 있다.

2 의료용 의료용 테이프 역시 다양한 종류가 있기 때문에 일반적으로 쓰이는 것이 무엇인지 알아 두는 것이 좋다. 보편적으로 쓰기에 가장 좋은 테이프로는 듀라포어가 있다. 튼튼한 천으로 되어 있고 접착성이 우수하다. 겉은 부드러운 질감이기 때문에 움직일 때 옷에 걸리지 않는다. 안전한 붕대로 사용되고, 고정하는 용도로 쓰기도 한다. 의료용 외에도 다양하게 쓰인다.

3 스포츠용 의료용 테이프와 헷갈리지 말자. 스포츠용 테이프는 강도 높은 신체 활동 시 근육과 뼈를 지지하는 목적으로 쓰인다. 물론 취미나 건강을 위해 달릴 때도 쓸 수 있다. 또한 부목의 용도나 적절한 치료를 하기 전에 움직임을 제한하기 위해서 쓰기도 한다.

4 상처 봉합용 특별히 상처 봉합을 위한 용도로 쓰이는 스테리스트립(Steri-Strips)은 접형포대와 비슷하지만 더 크고 튼튼한 테이프이다. 보통 벤조인 팅크와 함께 사용하면 더 잘 접착된다. 수술 후에 쓰이거나 봉합 대용으로 쓰이기도 한다. 반드시 깨끗한 상처 부위에만 사용해야 하고 너덜너덜해진 피부에는 사용하지 않도록 한다. 종이테이프나 투명한 의료용 테이프는 상처 봉합에 사용하지 말아야 하는데, 방수도 되지 않을 뿐더러 병원 밖에서는 잘 버티지 못하기 때문이다.

5 전기용 전기용 테이프는 정해진 용도뿐만이 아니라 장비 표시에도 쓰인다. 여러 색깔로 나오기 때문에 장비나, 코드, 연결 장치 등을 감싸 구분하는 용도로 쓰는 것이다. 약간의 신축성이 있는 PVC 비닐 소재로 만들어져 있으며, 압감 접착제가 덧대어져 있어 잘 뜯어지고 뜯은 부위에 잔여물이 거의 남지 않는다.

6 표시용 반사 테이프는 물건이나 장비, 모서리, 출입구, 구멍, 자동차 등에 표시용으로 쓰인다. 낮이든 밤이든 안전을 위해 명확하게 보여야 할 부분에 어디든 쓸 수 있다. 다양한 색과 패턴의 반사 테이프가 있다.

27 테이프를 구비한다

덕트 테이프는 플라스틱 병이나 유리 창문 등의 균열을 메우거나 옷, 텐트 같은 헝겊의 찢어진 부분에 붙이는 등 매우 다양한 곳에 쓰인다. 깨진 물병이나 호스로 연결된 물주머니인 하이드레이션 팩에 사용할 때는 표면의 물기를 완전히 제거한 후 사용한다.

테이프의 접착면을 맞붙여 단단하게 꼬면 밧줄이나 끈 대용으로 쓸 수도 있다. 일반적인 밧줄 매듭에 덕트 테이프를 감으면 더 단단하고 미끄럽지 않은 매듭이 된다.

훌륭한 절연 자재가 되어 주기도 한다. 재킷에 덕트 테이프를 붙여 보온성을 높일 수도 있고, 물건 표면에 붙여 방수가 되도록 할 수도 있다. 용기에 붙이는 것뿐만이 아니라 용기 자체를 만들 수도 있다. 예를 들어, 무릎이나 둥근 물체에 대고 테이프를 감듯 양쪽을 붙이면 단단하고 작은 그릇이 완성된다. 많은 접착용 테이프가 특별하고 전문적인 용도로 쓰이는 데에 비해, 덕트 테이프는 단연 가장 다양하게 쓰이는 테이프라고 할 수 있다. 그러니 적어도 하나 정도는 구급상자나 도구상자 속에 구비해 두자.

28 덕트 테이프를 활용한다

덕트 테이프는 신체에도 적용할 수 있어 의료용 구급상자에도 넣어 두면 좋다. 몇 가지 사용 방법을 소개한다.

상처용 밴드 적당한 밴드가 없을 때 상처 부위에 거즈나 소독한 붕대를 대고 그 위에 적당한 사이즈로 자른 덕트 테이프를 조심스럽게 붙인다.

핀셋 대용 작은 가시나 조각, 피부에 붙은 물질을 제거할 때 덕트 테이프를 조그맣게 잘라 제거하고자 하는 것에 붙였다 떼어 내자. 테이프에 붙어 떨어질 것이다.

팔다리 부목 다친 팔다리를 움직이지 않게 고정해야 할 때, 접은 판지나 막대기 같은 것을 고정 부위에 댄 후 덕트 테이프로 돌려 붙인다.

팔걸이 붕대 덕트 테이프를 길게 잘라 삼각형 모양으로 놓는다. 이때 삼각형 각 변의 길이는 환자의 팔 길이 정도가 되어야 한다. 삼각형 안쪽으로 팔을 그물처럼 감쌀 수 있게 테이프로 몇 줄을 더 붙인다. 옷이나 피부에 달라붙지 않도록 끈적이는 부분도 테이프로 맞대어 붙인다. 그리고 팔과 어깨를 둘러 고정시킨다.

29 덕트 테이프 수갑 탈출법

만약 수갑처럼 손목에 덕트 테이프가 감겨져 있는 상태가 된다면, 꽤 쉬운 방법으로 다치지 않고 벗어날 수 있다. 손을 앞으로 내민 상태에서 온 힘을 다해 팔을 머리 위로 올린 후 재빠르게 팔을 내리면서 양쪽으로 당긴다. 강한 힘이 가해지면 덕트 테이프는 잘 뜯어질 것이다.

한 가지 유의할 점은, 두 손목이 교차되어 있지 않아야 하고, 손이 앞쪽을 향해 나란히 묶여 있을 경우에만 가능하다는 것이다. 잘 기억해 두면 역으로 위험한 인물을 덕트 테이프만으로도 잡아 둘 수 있을 것이다.

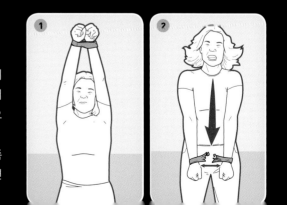

30 파라코드를 구비한다

파라코드는 이름 그대로 세계 2차 대전 때 낙하산에 쓰였던 줄이다. 낙하산 부대원들은 파라코드가 텐트 설치나 통나무를 자를 때에도 유용하다는 것을 알게 되었다. 비치해 두면 덕트 테이프만큼이나 많이 쓰이는 것으로, 응급 도구로도 다양하게 쓰인다. 파라코드는 감아 두거나 숨겨 둘 필요가 없어 더욱 용이하다. 이 간단한 낙하산 줄은 밧줄부터 열쇠고리, 벨트, 팔찌 같은 액세서리류까지 다양한 것들을 만들 수 있다. 칼, 도끼, 또 다른 도구들의 손잡이에 감아 잡기 편하게 할 수도 있고, 부츠의 끈으로 사용해도 된다. 그러므로 언제든 필요할 때 쓸 수 있도록 구비해 두는 것이 좋다.

31 파라코드를 활용한다

파라코드는 '550코드'로도 알려져 있다. 왜냐하면 550파운드(250킬로그램)까지의 물건을 들어 올릴 수 있기 때문이다. 파라코드의 구조와 피복 안의 수많은 가닥들이 무게를 지탱해 준다. 밧줄 대신 쓰기에도 좋은데, 무언가를 끌어올리거나 내릴 때(무거운 것을 다루는 도르래에서도), 또는 물건을 끌어야 할 때도 유용하게 쓸 수 있다.

한 가지 유의할 점이 있는데, 등반을 할 때는 등산용 밧줄을 써야 한다는 것이다. 등산용 밧줄이 더 무거운 무게나 움직이는 물체를 잘 견딜 수 있으며 떨어지는 물건의 무게를 지탱하는 충격 부하에도 강하기 때문이다. 파라코드가 다방면에 쓰이는 이유는 가늘기 때문이기도 하다. 이것을 등반용으로 쓰면 다칠 수도 있고, 무게와 움직임을 이기지 못해 갈라지거나 끊어져 버릴 수도 있다.

32 파라코드로 응급 처치를 한다

파라코드는 개인용 또는 의료용으로 다양하게 사용할 수 있다.

상처 봉합 파라코드 가닥으로 응급 시 상처 부위를 꿰맬 수 있다.

심각한 출혈을 막을 때 상처 주변을 파라코드로 감아 지혈을 할 수 있다. 막대를 대고 감아서 압박용으로 사용하기도 한다(82번 항목 참조). 여러 가닥을 함께 땋아서 팔 부상이 더 나빠지지 않게 일시적으로 막을 수 있다.

팔걸이 또는 부목 뼈가 부러지거나 심하게 다쳤을 경우 판지나 막대, 또는 다른 단단한 물건을 대고 파라코드로 묶으면 고정시킬 수 있다. 다친 팔을 고정하기 위해 팔걸이를 만들 수도 있다.

반지 빼기 반지가 손가락에 끼여 뺄 수 없을 때, 파라코드로 뺄 수도 있다. 파라코드 내부 가닥으로 손톱 위에서부터 꽉 조여 감은 다음 가닥의 끝을 반지와 손가락 사이로 집어넣고 반지를 천천히 잡아당긴다. 신축성 있는 줄이 피부 조직을 조이기 때문에 부드럽게 반지를 흔들며 당기면 상처 없이 빼낼 수 있다.

33 세 가지 매듭법을 익힌다

기본적인 매듭법을 배워 두면 유용하다. 매듭짓는 방법을 외우지 못해 제대로 만들지 못하면 아무 소용없으니, 기본적이고도 다양하게 쓰이는 매듭법은 잘 익혀 두도록 하자. 쉽게 배울 수 있는 세 가지 기본 매듭법을 소개한다.

맞매듭 두 개의 줄을 묶는 가장 기본적인 매듭이다. 두 개의 줄을 하나의 긴 줄로 만들고 싶을 때나 장작더미를 묶어 들어야 할 때 가장 적절하다. 오른쪽에서 왼쪽으로 한 바퀴, 그 다음 왼쪽에서 오른쪽으로 한 바퀴 돌려 감으면 된다.

두매듭 나무나 기둥에 묶기 좋은 매듭이다. 한쪽 끝을 다른 쪽 줄에 감싸듯 묶어 첫 번째 반 매듭을 만들고, 같은 방향으로 다시 감싸듯 돌려 두 번째 매듭을 만든다. 단단하게 잡아당기면 두매듭이 완성된다. 다른 한 쪽은 미끄러지지 않게 옭매듭을 지어 주자.

보우라인 매듭 '매듭의 왕'으로, 안전하고 방법이 간단하며 어떤 물건이든 지탱할 수 있을 만큼 단단하다. 밧줄에 고리 모양의 옭매듭을 만들고 아래에서 잡아당긴다. 밧줄의 뒤쪽으로 동그랗게 돌려 위로 올린 후 고리 안으로 넣어 다시 잡아 당겨 단단하게 만든다.

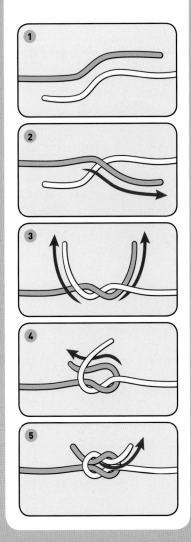

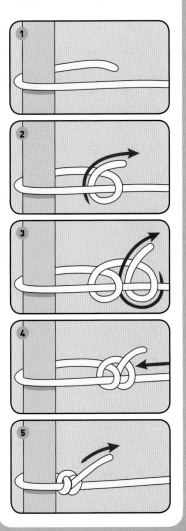

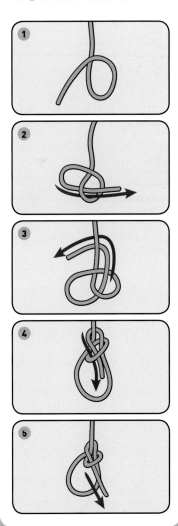

34 자기방어를 한다

상황 인식을 잘하는 것과 무기 소지 여부를 결정하는 것 사이에는 무기를 가지고 있지 않은 채 자기방어를 해야 하는 영역이 있다. 상황 인식을 잘했음에도 불구하고 실패할 수 있고, 모두가 무기 소지를 원하는 것은 아니므로, 일련의 방어 기술이 더 나은 옵션이 될 수도 있다. 무술을 배워 두는 것은 현명한 자기방어를 위한 준비이다.

35 학원에서 배운다

동영상이나 책을 통해 기본적인 기술을 배울 수도 있겠지만, 학원 등의 기관에서 배우는 것이 가장 좋다. 무술에는 다양한 종류가 있으며, 전문가는 당신에게 어떤 것이 가장 좋은지 가르쳐 줄 것이다. 어떤 무술이든 장점과 단점이 있는데, 가장 중요한 것은 어떤 무술이 흥미로워 보이고 나와 잘 맞는다고 느껴지느

냐이다. 만약 흥미나 재미를 느끼지 못한다면, 제대로 배우고 익힐 수 없다. 당신이 선택한 무술이 공격적이지 않거나 싸움에 적합하지 않을 수도 있지만, 맞서게 될 상대가 제대로 된 무술을 익히지 않았을 가능성도 있기 때문에, 당신은 우위에 설 수 있을 것이다.

36 크라브 마가를 배운다

어떤 종류의 무술을 배워야 할지 확신이 서지 않는다면, 크라브 마가를 고려해 보라. 크라브 마가는 1940년대에 이스라엘 방위군이 호신술로 개발한 것으로, 복싱, 유도, 합기도, 레슬링 등을 합한 기술이다. 방어와 공격을 동시에 함으로써 빠르게 상대방의 위협을 무력화시키기 위해 만들어졌다. 크라브 마가는 경찰관이 무력을 행사할 때에도 쓰인다. 당신에게도 매우 좋은 기술이 되어 줄 것이다.

37 규칙적으로 연습한다

자기방어 기술이 효과를 발휘하기 위해서는 자신에게 알맞은 방법을 골라 연습하고, 또 연습하고, 또 연습해야만 한다. 연습은 몸이 기억하게 함으로써 공격을 당했을 때 주저하지 않고 대응하도록 해 준다. 연습 없이는 기술을 알아도 적절하게 실행할 수가 없다. 그런 경우에는 도망치는 것보다 기술을 쓰는 것이 상황이 더 악화될 수도 있다는 것을 기억하자.

무술을 규칙적인 운동의 일부로 받아들여야 한다. 하루나 이틀 정도 배우는 수업만으로 장기적인 결과를 기대할 수 없으며, 규칙적인 연습이야말로 기술을 강화하는 데에 훨씬 효과적이다. 아예 연습하지 않는 것보다는 가끔이라도 하는 게 낫긴 하지만, 가장 좋은 것은 역시 규칙적인 연습이다.

38 상상력을 동원한다

공격당하는 상황에서 일어날 수 있는 최악의 상태는 얼어붙은 채 아무것도 하지 않는 것이다. 주로 아무런 연습을 하지 않은 사람들에게 일어나는 일이다. 무술 연습이야말로 공격당했을 때 스스로를 방어하게 해 주지만, 스스로를 보호할 또 다른 방법이 있다. 마음속으로 시각화하고 예행 연습을 하는 것이다. 이 기술은 쉽게 겪어 보지 못했을 상황에 대해 가상의 정신적 훈련을 통해 효과적으로 대응할 수 있도록 도와준다. 시각화는 상상한 것을 상황에 즉시, 그리고 빠르게 대입할 수 있게 해 주는데, 시각화를 할 때 실제로 행동을 취하는 것과 유사한 신경 패턴을 뇌에서 만들어 내기 때문이다. 다른 훈련 방식들처럼 시각화도 반복할 필요가 있다. 시간을 정해 규칙적으로 연습하고, 연습하고자 하는 상황을 정해 끊임없이 상상한다.

편안하게 집중하기 다른 사람이 방해하지 않는 조용한 장소를 골라, 숨을 깊이 내쉬면서 눈을 감는다.

상황 설정하기 소매치기 당하는 상황을 시각화하고 주변의 모습도 상상해 보자. 길거리에 혼자 서 있는가, 아니면 북적이는 가게에 있는가? 여러 환경과 상황을 설정하여 상상하며 다양한 시나리오를 만들어 본다.

사건의 설정 환경이 만들어지면, 이제 일어날 수 있는 사건을 만들어 본다. 누군가가 접근해서 당신을 잡으려 한다. 실제 상황에서 당신은 몹시 놀랄 것이다. 일이 닥치는 순간 짧게 놀라는 상상을 한 후, 즉시 행동과 의식을 제어한다.

대응하기 위협의 종류나 무기 등을 빠르게 파악하고 소지품을 꽉 쥔다. 그리고 최대한 크게 소리를 지른다. 만약 가해자가 물건을 놓지 않는다면, 밀고, 팔꿈치로 가격하고, 무릎으로 공격하라. 시각화는 자신감 있고, 강하고, 이기는 자신의 모습을 그려야 한다.

뒷일 처리 사건 후 즉시 안전한 곳으로 이동하고 경찰서 등에 연락을 취한다.

사건 종결 이제, 펼쳤던 상상을 접는다. 천천히 사라지게 하되, 끝났다는 생각이 들면 눈을 뜬다.

39
어떻게든 이긴다

만약 피하기 위해 무진 애를 썼는데도 불구하고, 자기방어 훈련을 받지 못한 상태에서 자신을 보호해야 하는 상황에 처했다면, 그 상황에 당장 적응하고 극복해야만 한다.

연구 결과에 의하면 강고한 의지가 있고 포기하지 않는 사람은 어떤 상황에서 평소보다 더 잘 해낼 수 있다고 한다. 싸울 것이라면, 이기기 위해 싸워라. 하지만 동시에 정당한 이유로 싸워야 한다. 핸드폰을 빼앗긴 정도라면 그럴 만한 가치가 없지만, 생명이 위협받는 상황이라면 무슨 수를 써서라도 이겨라.

40
칼싸움을 피한다

칼을 가지고 다니는 사람들은 대개 그 칼로 칼싸움에서 살아남을 거라고 생각한다. 하지만 대부분의 상황에서는 칼을 휘두를 시간조차 없고, 칼로 무장한 상대는 당신에게 공평한 경쟁의 장을 만들어 줄 생각도 없다. 만약 그들이 이미 당신을 골랐다면, 방어할 방법을 생각해야 한다. 칼싸움에 아주 능숙하지 않는 한 일은 더 복잡해질 것이기 때문이다. 꼭 그렇다는 것은 아니나 사실상 그것을 '싸움'으로도 생각하지 않도록 해야 한다. 무기를 사용하게 되면 싸움은 악화되고 빠르게 끝이 난다.

만약 칼이 최선의 선택이라면, 상대방에게 기회가 생기기 전에 아주 빠르게 움직여라. 상대방은 아마도 갑자기 공격할 것이다. 혹시 '이기게' 되더라도, 당신은 아마 심각한 부상을 입었을 것이고, 상황과 환경에 따라 그 상처는 치명적일 수 있다. 무술의 숙련자가 아닌 한 할 수 있는 최선의 방어 기술은 도망치는 것이다.

41 제대로 가격한다

공격을 할 땐 어디를 겨냥해야 할까? 상대방 신체의 가장 취약한 부분을 주먹이나 팔꿈치로 공격해야 한다. 공격을 받은 상대방은 기절할 수도 있다. 상대방보다 조금 뒤쪽을 친다고 생각하고 가격하라. 그러면 최대 힘이 각각의 타격에 실릴 것이다. 적을 제압할 때까지, 또는 적이 도망가거나 포기할 때까지 계속한다. 공격할 포인트는 다음과 같다.

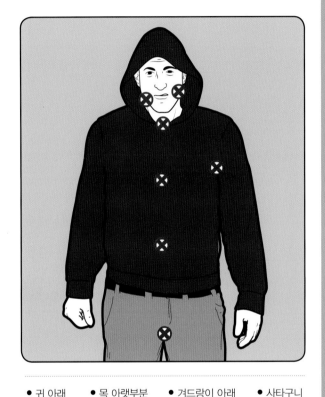

- 귀 아래
- 목 아랫부분
- 겨드랑이 아래
- 사타구니
- 목 주변
- 명치
- 하복부

42 강펀치를 날린다

누군가를 주먹으로 쳐야 한다면, 제대로 명중시키자. 강한 한 방과 약하게 철썩 때리는 것의 차이가 싸움이 빨리 끝나느냐 혹은 호되게 얻어맞느냐를 결정한다. 강펀치를 날리길 원한다면, 아래 단계를 따라해 보자.

1단계 타깃 지점을 정한다. 아무데나 가격해도 된다. 가장 적당한 부위를 찾을 시간은 없다. 다행히도 적수가 완벽한 메인 타깃인 목 아랫부분을 노출하고 있다. 제대로 가격한다면 적수는 숨이 턱 막히거나 순간적으로 실신할 수도 있다.

2단계 주먹을 날릴 때는 안정적 자세가 중요하다. 오른손잡이라면 다리를 어깨 너비보다 약간 넓게 벌린 채 왼쪽 발을 앞으로 내밀고 서서 몸이 상대방을 향해 비스듬하게 위치하도록 한다. 왼손잡이라면 반대로 하면 된다. 뒷다리에는 몸무게를 지탱하도록 힘을 주어야 한다.

3단계 팔의 힘만 쓰지 말고, 몸무게를 펀치에 싣는다. 팔을 뻗을 때 뒷발을 떼고 몸을 틀면서 주먹을 날려라. 주먹이 뻗어 나가면 무게 중심이 자연스럽게 앞발 쪽으로 가게 될 것이다.

43 소리를 지른다

도움이 필요하다면 즉시 소리를 지른다. 누군가 지갑이나 핸드폰을 훔치려고 할 때 반사적으로 "뭐야!"라고 크게 소리치게 될 것이고, 상대방이 도망치게 만들 수도 있다. 주의해야 할 점은, 상황에 맞게 소리쳐야 한다는 것이다. 강도를 만나면 "도둑이야!", 화재가 일어났을 땐 "불이야!"라고 소리치자. 일어난 상황에 대한 특정 단어를 써서 소리치면 주의를 더 잘 끌 수 있다.

44 공구 상자를 갖춘다

광고에서 어떤 말로 현혹하든, 단 한 개의 공구로 모든 상황을 해결할 수는 없다. 필수적인 몇 가지 공구들을 구비해 둔다면, 다양한 상황에 유용하게 쓰일 것이다.

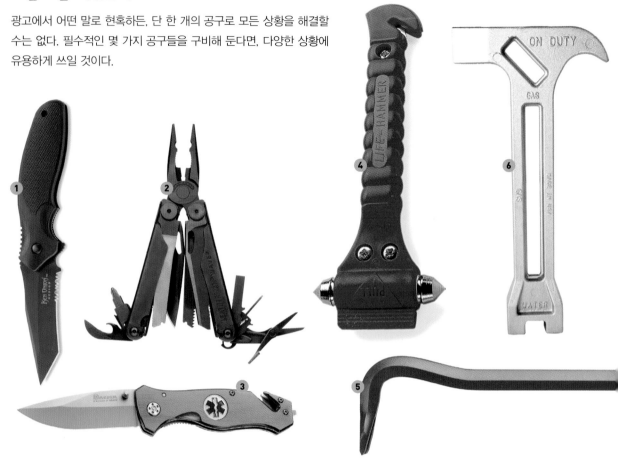

1 **전술용 칼** 범인으로부터 스스로를 보호할 상황이 아니더라도, 만약을 대비하여 자기방어용 칼을 지니고 있는 것이 좋다. 전술용 칼은 군인이나 경찰관이 총의 보조 도구로 사용했던 것으로, 표면이 거칠고 비교적 크기가 큰 편이며 매우 날카롭다.

2 **멀티툴** 오랜 역사를 가진 스위스 군대가 쓰던 칼로 다재다능한 다용도 공구이다. 드라이버, 펜치, 톱, 칼날 등 여러 개의 접혔다 펴지는 공구를 하나로 합친 것이다. 완벽히 갖추어진 공구 상자만큼 유용하지는 않아도 휴대가 간편하다는 장점이 있다.

3 **구조용 칼** 소방관부터 경찰관, 위생병까지 다양한 조직의 응급 서비스에서 사용하는 휴대용 칼이다. 접히기도 하고 칼날의 일부가 톱니 모양으로 되어 있으며 안전벨트를 끊거나 창문을 부셔야 하는 것 같은 중요한 상황에서 유용하다. 항상 휴대하고 다니기 곤란하다면, 적어도 차에 하나 정도는 구비해 두는 것이 좋다.

4 **구명용 도구** 차에 칼을 두고 싶지 않다면, 이 구명용 도구가 차량 사고 시 차에서 탈출하거나 다른 사람을 구하는 용도로 쓰기에 적당할 것이다. 차 안에 두면 꺼내기도 쉽고, 창문을 깨거나 안전벨트를 끊기에도 유용하다.

5 **쇠지레** 자주 쓰이진 않지만 필요할 때는 매우 고마운 도구가 되어 준다. 재난 시에 자물쇠나 문, 창문을 부수거나 여는 용도로 쓰이고, 다양한 부수적인 용도로도 쓰인다. 파편을 치우거나, 판자를 들어 올리거나, 못을 없애거나, 심지어 자기방어용으로도 쓸 수 있다.

6 **설비 차단 도구** 위기 시에는 차단 도구를 이용하면 가스, 수도, 전기 등을 빠르고 수월하게 차단할 수 있다. 뿐만 아니라, 문을 열거나 창문을 깨는 등의 가벼운 구조 작업에도 쓸 수 있다.

7 **접이식 삽** 야전삽으로 불리기도 한다. 본래 군사용으로 만들어졌지만 재난, 한파, 캠핑, 자기방어 등의 다양한 용도로 사용되고 있다. 거친 날은 톱으로도 쓰인다. 재난 시 물이 부족하거나 없을 때 구덩이를 팔 수도 있어 유용하다.

45 가정용 공구함을 갖춘다

물건 고치는 걸 좋아하지 않더라도, 가정에 기본적인 도구들은 갖추어 놓는 것이 좋다. 아무것도 구비해 두지 않는 것보다는 사용하지 않더라도 구비해 두는 것이 낫다. 재난 또는 응급 시에는 도구를 사러갈 수 없을지도 모르니 미리 갖추고 있는 것 자체가 응급 대비의 일환이 된다. 평소에는 물건을 고치기 위해 사용할 수도 있다. 종종 완전한 세트로 구성된 가정용 공구함을 팔기도 하는데, 일반적으로 유용한 가정용 공구함 속에는 다음과 같은 것들이 들어 있다.

- 망치 / 나무망치
- 면도칼 / 칼
- 톱
- 드라이버(십자형과 일자형을 다양한 사이즈 구비)
- 렌치(조절 가능한 개방형으로 다양한 사이즈 구비)
- 육각 렌치(다양한 사이즈)
- 와이어 절단기 / 와이어 스트립퍼
- 플라이어(슬립조인트, 리브조인트)
- 니들 노즈 플라이어
- 디지털 전압계
- 줄자
- 수준기(수평면을 구하는 도구)

46 손전등을 사용한다

어둠은 불가피한 것이다. 하지만 어둠 속에서 보는 것은 선택 가능한 일이다. 손전등을 이용하는 것이다. 슈어파이어사의 제품은 여러 고품질 전술용 손전등 사이에서 오랜 시간 사랑받고 있다. 필자에게는 오리지널 6P 모델이 있는데, 잦은 사용에도 불구하고 약 20년을 버틴 제품이다. 차에, 사무실에, 그리고 집 안에 하나씩 여러 개를 구비해 두었다. 최근에는 LED 6PX 프로 제품을 구입했는데 크기와 광력, 지속시간, 질, 가격 면에서 훌륭하다.

전술용 손전등은 휴대하기 쉽게 자신의 손바닥을 쫙 편 것보다 작은 것을 사용한다. 스위치가 끝부분에 있어 손전등을 한 손으로도 작동하기 쉬워야 하고, 보관 시에 우연히 켜지지 않도록 스위치 잠금장치가 있는 것이 좋다.

손전등은 어떤 날씨에도, 또 침수 시에도 작동해야 한다. 오래 가고 가혹한 상황에서도 사용할 수 있어야 한다. 본체는 단단하지만 가벼워, 안심하고 사용할 수 있다. 백열전구는 깨지기가 쉽고 갑자기 꺼지는 경우가 많으며 비효율적인데 비해 LED는 비교적 잘 깨지지 않고 장시간 더 밝은 빛을 낸다. 일시적으로 앞이 안 보이는 상황이나 적으로 하여금 어둠 속에서 방향 감각을 잃게 하는 등의 자기방어용으로 효과적인 것은 아주 밝은 빛을 내는 손전등이다. LED는 320루멘의 빛을 내뿜지만, 120루멘 이상이면 충분하다.

자기방어를 위한 고출력 기능과 일상적 용도로 장기간 사용하기 위한 저출력 기능을 모두 가지고 있어야 하며, 배터리 교체가 가능한 모델이 직접 충전하는 모델보다 낫다. 충전용 배터리는 대부분의 손전등에 끼울 수가 있고 불이 나갔을 때 쉽게 교체할 수가 있다.

보다 전략적인 손전등을 원한다면, 최후의 순간 자기방어용 무기로 사용할 수 있도록 이빨 모양의 홈이 나 있는 모델이 좋다. 그리고 매우 빠른 섬광 모드가 있는 모델이 좋은데, 단순한 빛보다는 현란한 빛이 적이 방향 감각을 잃거나 일시적으로 앞을 볼 수 없도록 하는 데에 효과적이기 때문이다.

이중 출력 LED
(15~320루멘)

고강도의
알루미늄 본체
(군 규격의
내구성)

내후성(패킹용 고무와
개스킷으로 밀폐)

테일 캡
잠금장치

테일 캡 스위치
(후면을 누름)

47 페퍼 스프레이 사용법

페퍼 스프레이를 사용하려면 보통 3~4.5미터 정도의 거리가 필요하며, 여러 번 사용하기 위해서는 충분한 양의 액체가 담겨 있어야 한다. 영화처럼 항상 적을 제지할 수 있는 도구는 아니며, 적을 제지하려는 만큼 당신도 액체에 노출 또는 오염될 수 있다는 위험 부담이 있다. 안전하고 적절하게 사용할 수 있는 방법을 배워 보는 것이 좋다.

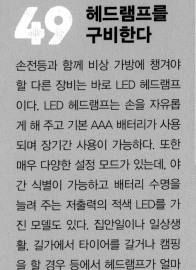

49 헤드램프를 구비한다

손전등과 함께 비상 가방에 챙겨야 할 다른 장비는 바로 LED 헤드램프이다. LED 헤드램프는 손을 자유롭게 해 주고 기본 AAA 배터리가 사용되며 장기간 사용이 가능하다. 또한 매우 다양한 설정 모드가 있는데, 야간 식별이 가능하고 배터리 수명을 늘려 주는 저출력의 적색 LED를 가진 모델도 있다. 집안일이나 일상생활, 길가에서 타이어를 갈거나 캠핑을 할 경우 등에서 헤드램프가 얼마나 유용한지를 알게 되면, 그동안 헤드램프 없이 어떻게 살아왔는지 모르겠다는 말이 나올 것이다.

50 손전등의 방수 기능

손전등에 대한 미국 표준 협회 FL 1 기준에는 세 등급의 방수 레벨이 있다. 각 레벨의 장점을 알아 두면 가장 적합한 손전등을 구비하는 데 도움이 될 것이다.

IPX4
비와 같이 튀는 물

IPX7
수중 1미터 깊이까지 30분 동안 방수

IPX8
1미터 이상 깊이의 수중에서 4시간 이상 방수

48 손전등을 활용한다

손전등은 전술적인 용도로도 다양하게 쓰인다. 좋은 손전등을 갖춰야 하는 이유를 가장 일반적인 상황을 통해 알려 주고자 한다.

반딧불이 되기 어둠 속에서 짧은 거리를 이동하는 잠행 시, 갈 길과 주변을 살피기 위해 잠깐씩 손전등을 켰다 꺼야 한다. 안전해질 때까지 필요할 때마다 반복하라.

아군과 적군 확인하기 손전등을 켜서 주위가 안전한지 확인하라. 만약 사람을 발견하면 무장을 했는지의 여부를 파악하라.

동물의 접근 막기 대부분의 동물은 밝은 빛 때문에 앞을 볼 수 없게 되면 꼼짝 못하거나 달아난다.

적을 눈부시게 만들기 적의 눈을 향해 빛을 비춘 다음, 달아날 시간을 벌거나 싸움에서 유리한 상황을 만들어라.

자기방어용으로 사용하기 손전등은 무기로 간주되지 않기 때문에 어디든 가지고 다닐 수 있고, 다른 방법이 실패했을 때 최후의 방어 도구로 사용할 수 있다.

51 태양열을 이용한다

위급 상황이나 재난 시에는 장시간 전력을 공급받지 못할 수 있다. 비상용 배터리마저 나가고 나면, 작은 태양광 발전기 하나가 중요한 장치를 계속 사용할 수 있게 해 줄 것이다.

휴대용 발전기로는 골제로 사의 예티 시리즈를 추천한다. 다양한 고정식 또는 휴대용 태양 전지판을 사용할 수 있을 뿐 아니라 AC 전원을 통해서도 충전할 수 있고, 대부분 차량의 12볼트 전원으로도 충전할 수 있다.

이 발전기 시스템은 쉬운 사용법과 정보 제공 디스플레이, 그리고 배터리 교체가 가능하다는 장점을 가지고 있다. 또한 다른 배터리와 연결해서 사용할 수 있기 때문에 성능을 확장할 수 있다. 5–10개의 출력 포트(모델에 따라 다름)가 있어 12볼트, USB, AC 전원 등의 다양한 전력 옵션을 제공한다. 작동시키는 데에 연료가 필요하지 않으며(그래서 실내에서 사용해도 안전하다) 조용하다.

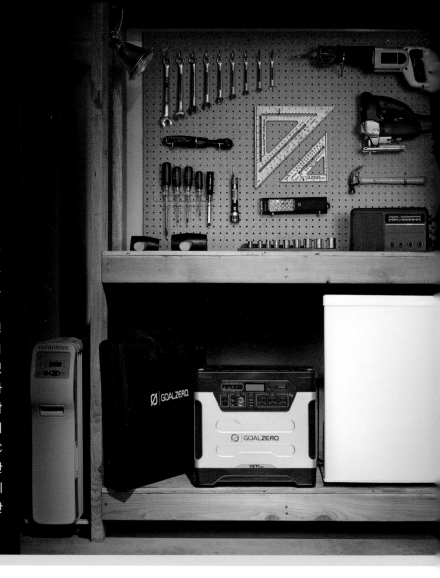

52 휴대용 충전기를 구비한다

이동 시에는 커다란 전력 공급 장치나 충전기를 가지고 다니기 힘들다. 그런 상황에서는 비상 가방에 들어갈 수 있는 크기의 휴대용 제품이 필요하다.

전기 제품을 충전할 수 없는, 야외에서 장시간 머물 경우 등 개인적인 상황과 필요에 따라, 이 휴대용 기기는 매일 들고 다니는 휴대용 비상 가방인 EDC(Everyday Carry)만큼 유용할 수 있다. 캠핑이나 하이킹, 또 다른 야외 여가 활동 시에도 유용하다.

등산용 스트랩이나 카라비너가 달려 있는 태양열 충전기는 배낭이나 비상 가방에 쉽게 달 수 있어 낮에 일을 하는 동안에도 충전 및 활용할 수가 있다. 멀티 USB 포트, AC 전원으로도 가능한 충전 기능, 고성능의 전지와 태양광 패널, 잔여 전력을 보여 주는 게이지를 가진 제품도 있으며, 고장 표시기가 내장되어 있는 모델도 있다.

포켓형은 립스틱만 한 제품도 있는데, 핸드폰을 완전히 충전시킬 정도의 성능을 갖고 있다.

필요할 때 사용할 수 있도록 평소에 완전히 충전해 두는 습관을 가지면, 언제든지 기기가 꺼졌을 때 쉽게 충전할 수 있을 것이다.

53 차량 배터리를 활용한다

차량 배터리를 활용하는 이 DIY 배터리 시스템은 중요한 전자 기기를 한 주 이상 쓸 수 있을 만큼의 전력을 줄 수 있다. 안전한 전력 공급이 제한적인 곳에서는 더욱 큰 도움이 될 것이다.

실내에서 사용하려면, AGM(Absorptive Glass Mat) 배터리를 써야 한다. 일반적으로 사용하는 납산 배터리는 해로운 매연을 발생시킬 수 있다. 55AH(암페어 시)의 12볼트 배터리를 철물점에서 구입할 수 있으며, 배나 RV, 또는 다른 차량의 것을 고쳐서 사용할 수 있다. 더 성능이 좋은 배터리를 주문할 수도 있지만, 크기와 가격도 올라갈 것이다. 가정용 충전기, 시거 잭, 차량용 핸드폰 충전기, 전압계 등으로 성능을 확인할 수 있다.

배터리는 안전 고글을 쓰고 조심히 다룬다. AGM 전지는 납산 배터리보다 독성이 덜 하지만, 여전히 산성을 띠고 있다는 것을 명심하자.

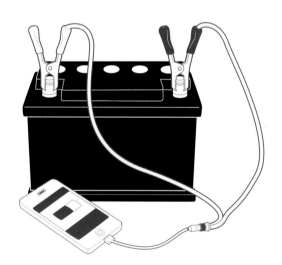

1단계 전압계를 사용하여 배터리가 완전히 충전되었는지 확인한다. 배터리를 보관할 때는 3개월마다 한 번씩 확인하도록 한다. 충전 상태가 12.4볼트 아래로 떨어진다면, 다시 충전하여 유사시를 대비하도록 한다. 자동 세류 충전 기능이 있는 스마트 충전기는 완충 상태를 유지하기 때문에 유용하다.

2단계 시거 잭 충전 포트를 배터리에 연결한다. 집게가 달린 한 쌍의 케이블을 충전 포트와 연결한다.

3단계 차에서 한 것처럼 충전 포트에 핸드폰 충전기를 꽂아 충전하면 된다. 기기의 성능과 용량에 따라, 또 배터리의 용량에 따라 충전 결과는 달라질 수 있지만 완충 상태의 차량 배터리로 최신 스마트폰을 25회 정도 충전할 수 있다. 대용량의 선박 배터리로는 더 많이 충전시킬 수 있다.

4단계 배터리가 너무 빨리 소모되는 것을 막기 위해 주기적으로 전압계를 시거 잭 충전 포트에 꽂아 전압을 확인하도록 한다. 보관할 때엔 절대 12.4볼트 이하가 되지 않도록 한다.

54 배터리 용량을 이해한다

mAH(밀리암페어시)는 순간 전기 충전의 단위로, 배터리 용량을 측정할 때 사용된다. 가지고 있는 기기들을 충전하기 위해 얼마나 큰 용량의 배터리가 필요한지를 판단하려면, 각 기기의 배터리 mAH를 더해 충전에 사용할 배터리 용량과 비교해 보도록 한다. 몇 번이나 충전할 수 있을 만큼의 배터리인지를 거의 근사치로 알 수 있을 것이다. 대용량 배터리를 구입할 경우, 1AH=1000mAH 임을 참고하자.

55 즉석 구급상자를 만든다

아무리 구급상자를 잘 구비해 두었다 하더라도, 필요한 의료품이 부족하거나 없는 상황은 흔히 발생한다. 적절한 물품이 없는 상황에서 기본적인 가정용 제품들을 구급용품으로 대체하여 사용하면 활용도도 높고 상황에 맞는 응급 도구로 바꿀 수도 있다. 주방, 화장실, 침실 등을 잘 살펴보고 이미 가지고 있는 대용 가능 용품들을 체크해 본다.

56 침실과 화장실을 뒤진다

화장실 또는 어쩌면 들고 다니던 여행용 가방 안에 상당한 양의 구급용품들이 있을 것이다. 모든 용품들을 박스나 배낭에 모아 필요할 때 쉽게 들고 이동할 수 있도록 해 보자.

양말 챙기기 코반 같은 접착식 탄력 붕대가 없다면, 뒤꿈치가 없는 튜브 양말을 훌륭한 대체품으로 쓸 수 있다. 깨끗한 양말의 발 부분을 잘라 내기만 하면 된다. 그리고 옷의 소매를 이용해 붕대를 고정시키면 되는데(A), 붕대를 한 채로 많이 움직여야 할 때 유용하다.

스판덱스 사용하기 라이크라 셔츠의 몸통을 나선형으로 자르거나, 간단하게 소매만 잘라 내거나, 라이크라 소재 바지의 다리 부분을 잘라 내면 다양한 길이의 신축성 있는 도구가 만들어진다. 이것은 삔 팔다리나 좌상을 입은 부위에 탄력 붕대 대용으로 사용할 수 있고, 부목을 댈 때 사용되기도 한다(B).

반다나 챙기기 반다나 또는 사각형의 스카프는 팔걸이 붕대로 쓸 수 있다(C). 일반적으로 쓰는 스카프는 벨트보다 안전하게 팔을 고정시켜 준다.

출혈 막기 치명적인 상처가 아니라면, 탐폰이나 생리대가 상처 치료를 도울 수 있다. 위생적이고 흡수가 잘 되기 때문이다. 생리대는 안대나 부목용 패드로도 사용 가능하며, 슬림형 탐폰은 코피가 날 경우 유용하다(D).

황산 마그네슘 구비하기 황산 마그네슘(사리염)은 다양한 용도로 쓰이는 구급품이 될 수 있으므로 구비해 두는 것이 좋다. 응급 시에 황산마그네슘은 벌레에 물린 곳이나 쏘인 곳, 화상, 옻이 오른 곳 등을 치료하거나 진정시킬 수 있으며(E), 물집에도 좋고 설사제로도 쓰인다.

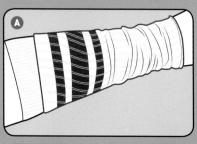

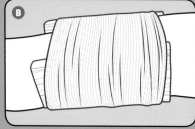

57 주방을 파헤친다

주방용품들과 가정용품들로도 부족한 구급용품을 대신할 수 있다. 완벽하진 않지만, 유사시에 도움이 될 것이다.

1 알코올의 도움 받기 보드카 또는 양주로 도구나 손을 소독할 수 있다. 하지만 다른 것이 있다면, 이것들로 상처를 소독하지는 말자. 또한 술을 마시는 것이 다쳤을 때의 고통을 줄여주는 최고의 수단은 아니지만, 아무것도 안 하는 것보다는 낫다.

2 화상 부위 감싸기 비닐 랩은 열 화상에 사용할 수 있다. 가벼운 화상에는 불필요하고 화학적 화상에는 위험할 수 있지만 말이다. 랩에 아무 연고도 바르지 않은 채 한 겹을 상처에 직접 감싼다. 그리고 거즈로 느슨하게 고정시킨다.

3 손을 봉지에 넣기 전염병의 확산을 막고 감염 우려가 있는 체액을 차단하는 것은 의료의 기본이다. 의료용 장갑이 없다면, 임시로 비닐봉지를 사용하도록 한다. 장갑에 비해 헐겁고 크겠지만 없는 것보다는 낫다.

4 식초로 진정시키기 식초는 자연 소독제로, 물과 50 대 50으로 희석하여 사용하면 작은 상처나 가벼운 찰과상을 소독할 수 있다. 옻이 올랐을 때나 벌레에게 물렸을 때, 일광화상을 완화하고 싶을 때에도 식초를 사용하면 통증이나 가려움을 줄여 준다. 수건에 적셔 상처 부위에 올려 두거나 스프레이 용기에 넣어 직접 뿌려 주면 된다.

5 안전핀 이용하기 구급상자에서 흔하게 찾을 수 있을 것 같지만, 하나도 가지고 있지 않은 사람이 얼마나 많은지 알면 놀랄 것이다. 안전핀(옷핀)으로 붕대를 고정할 수도 있고, 작은 조각이나 가시를 뺄 수도 있다.

6 연육제 사용하기 첨가물이 없는 연육제(고기를 연하게 만드는 제품) 속에는 파파인 효소가 들어 있는데, 이것은 단백질을 분해한다. 그래서 통증을 줄여 주고 독에 쏘이거나 했을 때 불편함을 해소해 준다. 단, 연육제를 피부에 바르고 10–15분 이상 두면 자극이 되어 아릴 수가 있다.

7 베이킹 소다로 치료하기 벌레에 물려 찌르듯이 아프거나 얼얼하고 가렵거나 부어올랐을 때, 베이킹 소다와 물을 섞어 환부에 발라 보자. 속 쓰림, 소화 불량, 배탈이 났을 때에는 물 반 컵에 베이킹 소다를 반 티스푼 녹여 필요에 따라 몇 시간마다 마시면 해결이 된다.

구급상자를 채운다

응급 의료 상황이 발생했을 때, 가장 이상적인 것은 당신의 손에 완벽하게 구비된 구급 상자가 있는 것이다. 하지만, 미리 준비해 둔 구급상자가 없고 뭐든지 있는 것으로 처

사 전 준 비

안대 해적만 쓰는 게 아니다. 안대는 상처가 났을 때 눈을 보호해 주고 빛을 차단하여 편두통을 완화해 준다.

흉부 손상용 씰 폐에 구멍이 나는 등의 심각한 관통상을 입었을 때 흉부에 사용한다.

지혈대 최후의 수단이기는 하지만, 지혈대는 생명을 위협하는 출혈을 막는 데에 결정적인 역할을 한다.

팔걸이 이 간단한 장비로 당신의 팔과 어깨가 다치거나 삐었을 때 고정하거나 회복시킬 수 있다.

반지 절단기 이 작은 도구는 붓거나 부러진 손가락에서 반지를 안전하게 제거해 준다. 기본적인 응급용품이다.

밴드 밴드는 가장 기본적인 응급 용품 중 하나이다. 상처를 감염으로부터 보호하고 출혈을 막아 준다.

스테리스트립 밴드 길게 난 상처에 밴드를 꿰맸을 때처럼 붙이면 상처가 벌어지지 않게 해 준다.

부목 의사가 지시한 대로 좌상, 염좌, 골절 등을 안정시키기 위해 사용한다.

리해야 하는 상황이라면, 여러 가지 가정용품이 구급용품의 역할도 해 줄 것이다.

즉석 준비

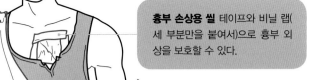

안대 다친 눈을 보호해야 하는데 안대가 없다면, 생리대를 접어서 사용해도 된다.

흉부 손상용 씰 테이프와 비닐 랩(세 부분만을 붙여서)으로 흉부 외 상을 보호할 수 있다.

팔걸이 스카프는 아주 훌륭한 팔걸이 이다. 팔을 움직이지 않게 하고 몸에 붙여 고정시키는 기능에 충실하다.

지혈대 막대와 긴 끈을 이용하면 급 한 대로 지혈대처럼 쓸 수 있다. 생 사가 걸린 위급한 상황일 때만 하자.

반지 빼기 다친 손가락 아래에 치실 이나 파라코드(32번 항목 참조)를 반지 아래에 넣어 천천히 빼낸다.

스테리스트립 밴드 덕트 테이프는 밴드를 고정시키거나 상처를 봉합할 때도 쓸 수 있다(28번 항목 참조).

밴드 적절하게 사용한다면, 밴드 대 신 강력 접착제로 상처를 안전하게 봉합할 수 있다(88번 항목 참조).

부목 지팡이나 하키 스틱 등 단단 한 것은 좌상에 부목 대용으로 사 용할 수 있다. 단단하게 동여매거 나 덕트 테이프로 붙인다.

59 현장 안전을 확보한다

응급 상황에서 누군가를 도울 때 상황 인식과 함께 안전을 위해 특별히 고려해야 할 사항들이 있다. 당신이 아마추어든 전문 구조원이든 간에, 터널에 들어갔을 때처럼 시야가 좁아져 주위를 보지 못하는 '터널 시야 현상'은 스스로의 안전을 위협하는 요소가 된다. 상황이 안전하지 않다는 것을 알아챈 후엔 피해자를 도울 수도 없을 것이다. 누군가가 다쳤을 때 또는 위험에 빠졌을 때 한 걸음 물러나서 나의 안전을 챙기는 것은 쉬운 결정이 아니다. 하지만 스스로를 위험에 빠뜨리면, 또 다른 희생자가 될 수도 있다. 사건에 휘말리게 되었을 때, 다양한 위험 요소들을 파악하고 주의하도록 한다.

주변 안전 확인하기 가능한 한 불안정하거나 위험한 요소들을 피하고, 빠르게 움직이는 차량이나 환자 주변의 기계 또는 불, 연기, 화학 물질에의 노출에 주의를 기울이도록 한다.

무기 확인하기 피해자의 주위에 있는 것을 전체적으로 잘 살펴보고, 다른 사람이 무얼 들고 있는지 혹은 명백히 적으로 보이는 위험 인물이 있는지도 확인한다.

머리 위 확인하기 위에서 떨어지는 것을 확인한다. 특히 지진이 일어난 후에는 잘 확인한다. 바위, 가구, 불안정한 건축물 등이 떨어질 수 있다.

주위 동물 조심하기 주위에 겁먹거나 부상을 입은 동물이 있는지 확인한다.

감전 조심하기 손상된 전기 제품이나 전선은 없는지, 과열되거나 위험하지는 않은지 확인한다.

스스로를 보호하기 상황에 맞는 적절한 개인 보호구를 입고 있는지 확인한다(25번 항목 참조).

60 교육을 받는다

책이나 스마트폰 앱을 통해 기본적인 응급 처치를 배울 수 있다. 하지만 적절한 훈련을 받는 것이 가장 좋은 방법이다. 훈련은 다양한 기관을 통해 받을 수 있으므로, 대한 적십자나 대한 응급 구조사 협회, 주민 자치 센터 등에서 찾아본다. 상급 응급 처치, CPR(심폐 소생술), AED(자동 심장 충격기) 훈련을 다 받는 것이 이상적이지만, 기본적인 응급 처치 수업과 간단히 심장 마사지만 하는 CPR 훈련만 받더라도 좋은 대안이 될 수 있다.

61 자격증을 취득한다

본격적인 응급 의료 일을 하고 싶다면, 전문적인 교육을 받고 자격증을 취득하면 된다. 대한민국에서 응급 처치를 할 수 있는 자격 기준은 의사, 치과의사, 한의사, 간호사 등의 의료인이나 1급 또는 2급 응급 구조사 자격 취득자로 법이 정하고 있다.

응급 구조사(EMT)는 응급 환자에 대한 상담, 구조, 이송 및 응급 처치를 할 수 있는데, 급박한 상황이나 의사의 지시를 받을 수 없는 경우를 제외하고는 의사로부터 구체적 지시를 받아 응급 처치를 해야 한다.

2급 응급 구조사 보건복지부 장관이 지정하는 응급 구조사 양성 기관에서 교육을 이수하고 2급 응급 구조사 국가고시에 합격해야 한다. 기본적인 심폐 소생술과 체온, 혈압 등의 측정, 산소 투여 등의 응급 처치를 할 수 있다.

1급 응급 구조사 3년 또는 4년제 대학의 관련 학과 졸업 또는 2급 응급 구조사 자격 취득 후 3년간 구급 업무에 종사한 다음 1급 응급 구조사 국가고시에 합격해야 한다. 2급 응급 구조사의 업무 외에 수액 등의 약물 투여, 인공호흡기 사용, 심폐 소생술 시행을 위한 기도 유지 등의 응급 처치를 할 수 있다.

62 적절한 응급 처치

환자를 대하는 가장 중요한 기술 중 하나는 그들이 편안하고 안전하다고 느끼게 하는 것이다. 이것은 수업을 통해 배울 수 있는 기술이 아니라 누군가를 보살피는 사람으로서 부상자에게 가까이 다가가는 일이다. 부상자를 안심시키는 일은 간단하다. 바로 '당신은 안전하다.'고 말해 주고, '당신을 도우러 왔다.'는 것과 구급 대원들이 지금 오고 있다는 것을 알려 주는 것이다. 현재 상황에 대해 설명해 주는 것도 도움이 된다. 상황이 확실하면 중요한 사항을 전달하기 위해 조금 과장해야 할 수도 있다. 하지만 부상자가 충격을 받은 상태라면, 사고 자체에 압도되어 있을 수도 있으므로 차분한 말투로 부상자의 흥분을 가라앉히면 정신적 외상을 더 쉽게 다룰 수 있을 것이다.

현장에 대한 진실과 적절한 설명을 긍정적으로 전달하는 것에 집중하라. 예를 들어, 지진이 일어난 후, 구급대원이 언제 올지 모르고 언제 그 다음 지진이 또 일어날지 모르는 상황에서 기둥 아래에 깔린 사람에게 안심하라고 긍정의 말을 하는 것은 매우 힘든 일이다. 상황은 이렇듯 위험할 수 있고, 그저 매 순간 최선을 다하는 것이 부상자들이 안심시키기 위해 당신이 지속적으로 해야 할 일이다.

63 구급상자를 만든다

구급상자에는 밴드 몇 개, 아스피린 약간 그리고 핀셋 정도만 들어가면 된다고 생각하는 사람이 많을 것이다. 그러나 전문가들이 가지고 다닐 법한 것과 비슷해야 제대로 된 구급상자이다. 아래 제품들은 작은 상자 안에 다 들어갈 수 있고, 적은 비용으로도 사람을 살릴 수 있는 것들이다.

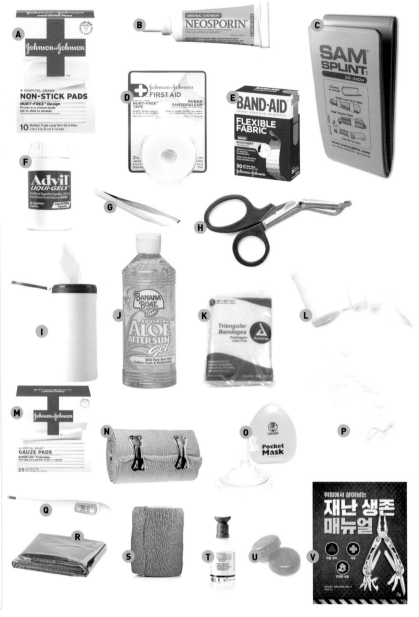

- **A** 비접착식 붕대
- **B** 항균 연고
- **C** 알루미늄 부목
- **D** 의료용 테이프(2.5cm 폭)
- **E** 접착식 밴드(스테리스트립 포함)
- **F** 항염증제
- **G** 핀셋
- **H** EMT 가위
- **I** 살균 물티슈
- **J** 알로에 베라 젤
- **K** 팔걸이 붕대
- **L** 거즈 붕대
- **M** 멸균 거즈
- **N** 탄력(압박) 붕대
- **O** CPR 포켓 마스크
- **P** 의료용 장갑
- **Q** 전자 체온계
- **R** 스페이스 블랭킷(비상 보온 담요)
- **S** 접착식 탄력 붕대(코반)
- **T** 눈 세정액
- **U** 인후염용 트로키제
- **V** 재난 생존 매뉴얼

64 구급상자에 추가한다

위기 시 더욱 도움을 주고 싶은 바람이 있다면, 의료용품들을 넣어 두는 상자에 다음과 같은 물건들을 추가하고 싶어질 것이다. 만약 응급 키트가 포함된 비상 가방인 '점프 백'을 찾고 있다면, 종종 이런 물건들을 넣어 판매하는 점프 백이 있다는 것을 알아 두면 좋다.

- 지혈용 붕대
- 응급 아이스팩
- 생리 식염수(상처를 씻기 위한)
- 경구용 정제 포도당(당뇨병 응급 시)
- 지혈대
- 청진기
- 퀵클롯(응급 지혈 밴드)
- OPA(입인두 기도 유지기)
- 활성탄(독극물이 주입되었을 때 사용)
- 펜라이트
- 혈압 측정기

65 일반 의약품을 이용한다

처방받은 약이 떨어졌다면, 다음의 일반 의약품이 유사시 훌륭한 대안이 되어 줄 것이다.

성분 및 약품명	주요 효과	부수적 효과	주의할 점
이부프로펜 (모르틴, 애드빌)	두통, 생리통, 이통, 인후통, 부비강염, 근육통, 요통, 결림, 관절염의 완화, 해열 작용. 어린이들에게도 안전함.	——	심각한 위장의 출혈, 궤양, 천공의 위험 증가
아세트아미노펜 (타이레놀)	이부프로펜과 유사. 효과가 덜한 편.	——	과량 복용 시 간 손상 초래
아세틸살리실산 (아스피린)	이부프로펜, 아세트아미노펜과 유사하지만 사용 빈도가 낮은 편.	심근경색과 뇌졸중, 흉통의 치료	심혈관과 관련한 복용 전에는 의료 전문가와 상의할 것
로페라마이드 (이모디움)	지사제. 물과 의료적 도움을 받을 수 없는 상황에서는 설사도 치명적일 수 있음.	——	——
슈도에페드린 (수다페드)	충혈, 호흡기 감염, 알레르기, 화학적 자극, 가벼운 천식, 기관지염 치료	각성제로도 사용	
디펜히드라민 (베나드릴)	알레르기 증상 치료 호흡기 감염, 발진/두드러기(옻 오름 등), 구역질 완화	수면제로도 사용	——
메클리진 (드라마민)	메스꺼움, 구토, 멀미, 현기증, 불안증의 완화	수면제로도 사용	——
아이라니티딘 (잔탁)	속 쓰림, 위궤양, 그 외 위장 질환의 완화	두드러기 완화 용도로도 사용	——
히드로코르티손 (코티존 10)	처방전 없이 구입할 수 있는 가장 강한 스테로이드제. 발진으로 인한 통증과 가려움증 치료. 습진, 옻 오름, 기저귀 발진, 가벼운 피부 통증 완화	——	——
클로트리마졸 (자인-로트리민)	항진균제. 무좀, 백선, 기저귀 발진 완화	——	——

66 항생제를 현명하게 사용한다

항생제의 범주 안에는 많은 약들이 있는데, 어떤 것들은 폭넓은 효능을 지니고 있고, 어떤 것들은 특정 감염에만 쓰인다. 알레르기가 있을 경우 전문 의료인의 처방 없이 항생제를 사용하는 것은 권장하지 않지만, 재난 시를 대비하여 구급 의약품으로 구비해 놓는 것은 추천한다.

명심해야 할 것은, 항생제는 항바이러스제가 아니며 독감, 감기, 기침, 또 그와 유사한 질환을 치료해 주지 않는다는 것이다. 또 항생제는 반드시 처방된 대로 모두 복용해야 한다. 증상이 줄어들었다고 해서 복용을 임의로 멈추면 내성균이 생겨 증상이 더 악화될 수도 있다.

성분 및 약품명	일차적 사용	이차적 사용
아목시실린 (아목실)	폐렴, 패혈증, 인두염, 이염, 살모넬라 식중독	종종 라임병의 치료에도 쓰임
레보플록사신 (레바퀸)	호흡기 감염, 봉와직염, 요로 감염증, 탄저병, 심내막염, 수막염, 여행자설사, 결핵, 페스트, 외상성 손상 후의 감염증	———
독시사이클린 (페리오스타트)	요로 감염증, 연성하감, 콜레라, 라임병, 클라미디아, 부비강염, 록키산 홍반열, 선페스트, 피부 감염증	MRSA(메치실린 내성 황색 포도상구균), 말라리아, 탄저병의 치료에도 쓰임
아지트로마이신 (지스로맥스)	인후염, 급성하기도감염증, 위장 내 감염증(오염된 식품 섭취 등으로 인한), 클라미디아	———
세파렉신 (케플렉스)	이염, 뼈와 관절의 감염증, 요로 감염증	폐렴, 패혈증, 인두염에도 사용
메트로니다졸 (후라질)	세균성 질염, 골반염, 가막성대장염, 흡인성 폐렴, 복강내패혈증, 폐농양, 치은염, 아베마성 감염증, 편모충증, 트리코모나스감염증	———
시프로플록사신 (시프로)	뼈와 관절의 감염증, 식중독 외 위장염, 호흡기 감염, 봉와직염, 요로 감염증, 전립선염, 탄저병, 무른 궤양을 포함한 광범위 감염증	———
겐타마이신 (겐타솔 점안제)	안감염증	———

67 일반적으로 처방되는 약들

재난 시 의료진의 도움을 받을 수 없는 경우를 대비해, 약으로 해결할 수 있는 것들을 알아 두는 것이 좋다. 물론 잘못된 복용으로 인한 위험 요소가 있고 중독의 가능성이 있으며 다른 약과 복용 시 유해할 수 있으니 전문 의료인의 처방을 받은 약을 사용하도록 한다.

통증 완화 수많은 처방 진통제(대부분 코데인과 아세트아미노펜을 결합한 것)들이 심각한 통증을 완화시킬 수 있다. 일반 의약품으로는 해결하기 힘든 고통을 견딜 수 있게 도와준다.

메스꺼움 치유 조프란(온단세트론)은 유명한 항구토제로, 정제 형태로 섭취하여 혀 아래에 놓고 녹여 먹는다. 메스꺼움과 입덧, 고열, 탈수 등에 의한 구토 증상을 없애 준다.

각성 참사나 재난이 일어난 후에는 매우 피곤하겠지만 그래도 제 역할을 해야 할 것이다. 프로비질(모다피닐), 애더랄(암페타민)과 같은 약들은 군대에서 사용되던 것들로, 경계 태세를 유지하게 해 주고 집중력을 높여 준다. 그러나 수면 부족에는 적절한 휴식이 필요한 것이니 약은 신중하게 사용한다.

신경 안정 스트레스와 극심한 불안증은 재난 후에 생기는 흔한 증상이다. 벤조디아제핀은 공황 상태에 빠지지 않도록 도와준다. 보통 바리움(디아제팜)과 아티반(로라제팜)을 포함하며, 불안, 공황 발작, 불면증, 경련, 근육통 및 근경련 등에 사용한다. 이런 종류의 약들은 중독성이 있기 때문에 가끔만 복용한다.

올바른 호흡 벤토린(황산염 알부테롤) 흡입기는 천식 환자나 만성 폐쇄성 폐질환(COPD)을 앓고 있어 호흡에 문제가 있는 사람들에게 쓰인다. 비공식적으로는 호흡기 감염과 관련한 호흡 곤란 치료에도 사용한다.

심각한 알러지 에피펜(에피네프린)은 부종이나 기도 폐쇄를 일으킬 수 있는 심각한 알러지 반응인 아나필락시스(과민증)를 치료하기 위해 사용된다. 이런 증상은 벌레에 쏘이거나 다른 물질과의 반응 등으로 나타난다.

항바이러스성 약품 타미플루(오셀타미비르)는 인플루엔자를 치료하거나 예방하는 용도로 사용한다. 다소 논란이 있기는 하지만 전국적인 유행병의 경우, 특히 면역력이 떨어져 있거나 나이가 많은 고위험 환자들의 사망 위험을 줄이기 위해 사용되며, 독감 증상이 있을 시 48시간 이내에 투여하여 인플루엔자를 치료한다.

방사능을 막아 주는 의약품 요오드화 칼륨(KI)은 방사선 노출 사고가 있을 시 갑상선에 방사성요오드가 흡수되는 것을 막아 준다. 복용 시 건강상의 위험이 있기 때문에 전문가의 처방에 의해서만 복용해야 한다.

피임약 플랜비(레보노게스트렐)는 '사후피임약'으로도 알려져 있는 대체 조제 약품으로, 콘돔 사용 실패, 성폭행 등 피임을 하지 못한 성교 후 72시간 이내에 복용해야 한다. 재해에 대처하는 등의 상황에서 원치 않은 임신을 막기 위해 의약품 상자에 구비해 두는 것도 좋은 방법이다.

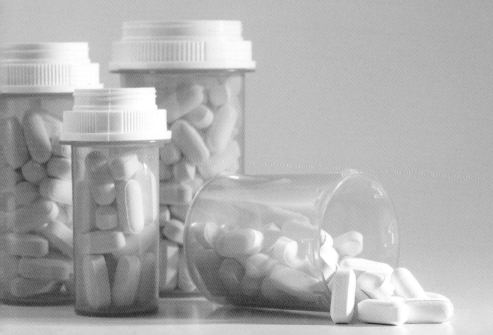

68 흔한 알레르기의 종류를 알아 둔다

알레르기 반응은 보통 주요한 몇 가지 알레르기 유발 물질에 의해 일어난다. 알레르기를 일으키는 가장 일반적인 것들을 알아보자.

음식	약품	곤충 / 독	기타
달걀, 생선, 우유(유당불내증과는 다름), 땅콩, 조개류, 콩, 견과류, 밀	항경련제, 인슐린, 페니실린, 설파제, 항생제 종류	불개미, 벌, 말벌, 호박벌, 땅말벌	동물의 비듬과 털, 곰팡이, 먼지, 라텍스, 화장품, 꽃가루, 풀, 씨앗

69 아나필락시스(과민증)에 대비한다

심각한 알레르기 반응은 호흡 곤란을 포함한 과민증을 일으킨다. 극단적으로는 몇 분 만에 사망할 수도 있어 매우 위험하다. 과거에 문제가 없었던 사람이라도 생명을 위협하는 알레르기 반응을 겪을 수 있고, 다른 알레르기가 시간이 지나면서 발현될 수 있다. 이런 상황에서는 빠르고 결단력 있게 대응해야 한다.

대비하기 여행 또는 재난 상황에서, 동행인들에게 벌레에 쏘여 문제가 된 적이 있거나 또 다른 알레르기 반응이 있는지 물어본다. 만약 그렇다면, 에피펜과 같은 에피네프린 자동 주사기가 있는지 확인한다.

빠르게 대응하기 가려움증과 같은 피부 반응(특히 손목 주변, 팔꿈치 안쪽, 얼굴), 두드러기, 창백한 피부, 입술이나 목 그 외 얼굴의 다른 부위의 부종 등, 심각한 알레르기 반응의 첫 번째 신호를 경계하라. 기도 막힘이나 호흡 곤란, 천명, 약한 맥박, 구토나 구역증에 주의한다. 이런 증상이 나타나면 즉시 대응을 해야 한다. 시간을 지체하면 증상을 악화시킨다.

도움 받기 우선 응급 의료 기관으로 향한다. 외딴 곳에 있거나 재난 상황이라면, 긴급 이송 계획을 세운다. 도움이 필요한 상황을 대비하여 응급 의료 종사자에게 연락을 취하고 어디에서

치료를 받을 것인지 정한다. 연락이 불가능하다면 가능한 한 빠르게 의료 센터로 환자를 이송할 수 있는 계획을 세운다.

구급약 투여 일반 의약품 베나드릴 같은 디펜히드라민을 투여한다. 액상이 효과가 빠르다. 물론 이것은 그저 초기 대응일 뿐, 과민증을 해결할 수는 없다. 증상이 악화되면 심폐 소생술과 인공호흡을 준비한다. 에피네프린 자동 주사기가 있다면 투여할 준비를 한다.

에피네프린 사용 환자가 호흡 문제를 겪기 시작했다면, 에피네프린 자동 주사기를 사용하고(70번 항목 참조) 어떻게 해서든 응급 의료 기관으로 갈 수 있도록 돕는다. 시간이 매우 중요하다. 필요하면 심폐 소생술이나 인공호흡을 시도하자. 남아 있는 에피네프린이 있다면, 추가로 투여한다.

70 에피펜 사용법

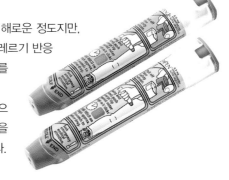

과민증은 흔한 것은 아니나, 치명적이다. 가벼운 반응은 그저 불편하거나 조금 해로운 정도지만, 과민증으로 인한 쇼크는 치료하지 못할 경우 목숨을 앗아갈 수도 있다. 이런 알레르기 반응은 몇 분 이내로 일어나고, 부종과 발진, 호흡 곤란, 혈압과 맥박의 위험한 변화를 수반한다.

과민증 환자는 펜 타입 자동 주사기로 투여하는 에피네프린(의료용 아드레날린)으로 도울 수 있다. 이 주사기를 구급상자 속에 구비해 둘 때는 적정 온도와 환경을 유지하고 유통 기한을 지켜야 한다. 그리고 문제가 있는 것은 새것으로 교체한다.

1단계 케이스에서 주사기를 꺼내고 끝부분의 안전 캡을 분리한다.

2단계 엄지손가락을 주사기 끝부분에 두고, 나머지 손가락으로 주사기를 꽉 쥔다. 허벅지나 팔의 위쪽에 주사를 놓을 준비를 한다. 얇은 옷 위로도 가능하다.

3단계 근육을 꽉 누르듯 끝부분을 쏘아 투여하는데, 투여하는 곳과 주사기가 직각이 되도록 한다. 바늘이 잘 들어가고 투약이 제대로 되도록 10초 동안 주사기를 그 상태로 쥐고 있는다.

4단계 바늘을 안전하게 뺀 다음 주사기를 케이스에 다시 잘 보관한다.

5단계 약의 효과가 사라진 후 추가 치료가 필요할 수도 있으니, 투약 후 환자의 상태를 확인하고 즉시 의사의 진료를 받도록 한다.

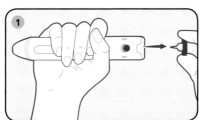

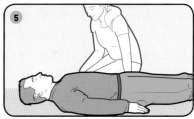

71 의료 경보기를 찾는다

알레르기 반응으로 인해 의식이 없거나 말을 하지 못하는 상태의 환자를 발견했다면, 의료 경보용 팔찌(Medic Alert)나 목걸이, 또는 드물지만 열쇠고리, 카드, 어린이의 신발에 달린 태그 등을 확인한다. 태그의 뒤쪽에는 환자의 이름, 응급 연락처, 알레르기나 약에 관련한 중요한 응급 처치 방법, 사전 의료 지시서, 간질이나 당뇨, 천식 환자임을 알리는 문구 등 기본적인 정보가 있을 수 있다.

72 환자 수송기 부르기

병원이나 응급 구조 기관이 멀리 떨어져 있는데 심각한 의료 응급 상황이라면, 구급 헬리콥터를 불러야 할 수도 있다. 도움을 요청할 때, 헬리콥터 수송도 요청한다. 구급 헬리콥터를 보내 줄 경우, 중요한 몇 가지 지침을 따라야 한다.

1단계 안전한 착륙 장소를 섭외한다. 평탄한 평지에 폭 30미터, 길이 30미터 정도가 이상적이며 모래나 자갈, 잔해물들이 없고 송전선, 나무, 기둥 또는 다른 장애물과 멀리 떨어져 있는 곳이어야 한다.

2단계 현재 위치를 확인한다. 착륙 지대의 한가운데에 서서 GPS를 이용해 경·위도를 체크한다. 응급 구조원에게 체크한 정보를 전달한다.

3단계 헬리콥터가 어두울 때 착륙해야 한다면, 소지한 도구를 이용해 착륙 지대를 환하게 밝히도록 한다. 야광봉, 손전등, 휴대용 전등을 써야 할 경우에는 땅에 안전하게 고정시킨다.

4단계 구조대가 도착하면 안전 수칙을 준수한다. 이착륙 시 발생하는 파편으로부터 눈을 보호하고, 헬리콥터의 날개가 회전하는 동안 가까이 다가가지 않으며, 헬리콥터의 양 옆을 향해 다가간다. 절대 꼬리 주변에 가지 않는다.

73 기도를 확보한다

부상자를 발견했을 때 가장 먼저 확인해야 할 3가지는 기도, 호흡, 혈액 순환이다. 이것을 순서대로 확인하는 것이 중요하다. 환자가 숨을 쉬지 못하는데 출혈을 막는 데에만 집중하게 되면, 당연하게도 그 환자를 살리기가 힘들다. 기도가 막힌 환자에게 가장 먼저 할 일은 숨을 쉬고 있는지를 확인하는 것이다. 환자가 숨을 쉬지 않는다면 무엇인

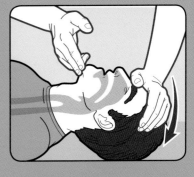

가가 기도를 막고 있는 것이고, 의식을 잃은 사람의 경우 대부분 장애물은 바로 혀이다. 기도를 열기 위해서는 환자의 머리를 뒤로 젖히고, 턱을 들어 주어야 한다.

환자를 평평한 곳에 눕히고 한 손으로는 환자의 이마를, 다른 한 손으로는 턱끝을 잡고 부드럽게 머리를 뒤로 젖힌다. 혀의 힘이 입의 안쪽에서부터 풀리

기 시작하면 기도가 열린다. 기도가 열렸음에도 자가 호흡을 하지 못한다면, 인공호흡을 실시한다.

74 인공호흡을 실시한다

환자의 기도가 열리면 턱을 들고 머리를 뒤로 젖힌 상태로 지탱해 준다. 환자의 코를 손가락으로 잡고 입을 환자의 입에 밀착한다. 가능한 한 CPR 포켓 마스크(63번 항목 참조)를 이용하여 전염의 위험을 막는다. 숨을 깊이 들이쉬었다가 환자의 입에 공기를 2회 불어 넣는다. 불어 넣는 사이사이에 공기가 빠져나가지는 않는지, 환자의 흉부가 오르내리는지를 살핀다.

숨을 과도하게 불어 넣으면 공기가 위로 들어가 환자가 구토를 할 수도 있다. 이럴 경우, 환자의 머리를 옆으로 기울인 다음 입안에 아무것도 남지 않도록 한다. 환사의 호흡이 돌아오지 않으면 CPR(81번 항목 참조)을 시행한다.

75 출혈을 제어한다

붕대로 지혈을 했음에도 피가 새어 나오고 출혈이 멈추지 않는다면, 지혈을 위해 추가적인 조치를 취해야 한다(의료용 장갑의 착용은 필수이다.). 출혈로 인해 젖은 붕대를 제거하지 말고 그대로 둔 채 그 위로 붕대를 단단하게 감는다. 이렇게 하면 수동으로 혈관을 조여 과도한 출혈을 막아 준다. 환자가 도움에 민감해 한다면, 환자가 직접 상처에 압박을 가하도록 한다. 깨끗한 거즈 위로 피가 보이는 곳이 즉시 압박을 가해야 하는 부위이다.

76 압박을 가한다

직접 압박의 효과가 없어 출혈을 막지 못했다면 출혈을 일으키는 대동맥을 수축시키기 위해 적절한 압박 위치를 찾아야 한다. 주로 맥박이 있는 부위에 시행한다. 이 방법도 효과가 없다면, 지혈대를 사용해야 한다.

출혈 부위	지혈점	위치
팔 부상	상완동맥	어깨와 팔꿈치 사이 팔의 안쪽
손 부상	요측측부동맥	손목 안쪽
다리 부상	대퇴동맥	'비키니라인'을 따라 있는 사타구니 부근
아래쪽 다리 부상	오금동맥	무릎 뒤쪽

77 올바른 지혈대 사용법

심각한 출혈이 발생했고 다른 지혈 방법들이 모두 실패했다면 최후의 수단으로 지혈대를 사용한다. 팔다리의 부상으로 인해 심각한 출혈이 발생했을 때 환자의 생명을 구할 수 있다. 팔다리 기능에 손상을 주거나 완전히 기능을 잃을 위험도 있지만 그것은 보통 지혈대 사용 후 몇 시간이 지났을 경우 발생하는 일이다. 지혈대 사용은 문자 그대로 생명을 구하는 일임을 기억하자.

1단계 가능한 한 응급 의료 기관에 도움을 요청한다. 출혈 부상임을 알리고 의료용 장갑이 있다면 착용하여 스스로를 보호한다.

2단계 환자의 출혈 부위 몇 인치 위쪽에 지혈대를 두른다. 지혈대가 부상을 입은 사지를 단단히 감싸도록 잡아당긴 후, 안전하게 고정되도록 채운다. 환자의 관절이나 목에는 절대로 지혈대를 사용하지 않는다.

3단계 선홍색 피가 멎고 상처 부위 아래 맥박이 멈출 때까지 지혈봉을 사용해 밴드를 조인다.

4단계 지혈봉을 안전하게 고정하여 느슨해지지 않도록 한다. 지혈대를 착용한 곳 아래 부위에 출혈과 맥박이 있는지 확인한다. 출혈이나 맥박이 있으면 밴드를 더 세게 조이거나 다른 지혈대를 하나 더 사용한다.

5단계 지혈대를 사용한 시간을 기록하여 의료 전문가가 적절한 치료를 할 수 있도록 정보를 제공한다.

6단계 환자의 쇼크 상태를 측정하고(96번 항목 참조), 최대한 빨리 적절한 응급 처치를 받을 수 있도록 환자를 이송한다.

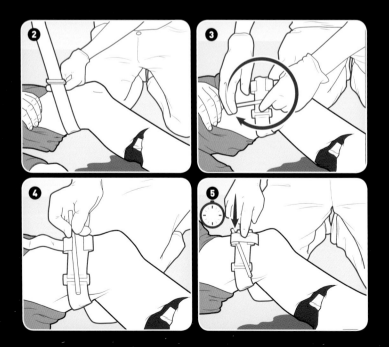

78 즉석 지혈대 만드는 법

적당한 의료용 지혈대가 없는 경우, 선택할 수 있는 몇 가지 옵션이 있다.

장비 구하기 밴드는 넓고, 신축성이 있고, 튼튼한 것이라면 대체 가능하다. 가죽 벨트나 셔츠를 감을 수도 있고, 자전거 타이어 내의 고무 튜브를 빼서 사용하거나 적당한 길이의 파라코드(32번 항목 참조)를 꼬아서 사용할 수도 있다. 그 외에도 다양한 것으로 대체할 수 있는데, 너무 가늘어 쉽게 끊어져서 더 심한 출혈을 일으키지 않는 것이면 된다. 구한 장비를 출혈이 있는 사지에 단단히 두른 다음 옭매듭으로 고정한다.

단단하게 고정하기 팔뚝 길이 정도의 튼튼한 물건을 이용해 고정한다. 단단하고 긴 막대, 조리용 나무 숟가락이나 플라스틱 국자, 렌치, 드라이버 등을 사용하면 된다. 매어 둔 밴드 위에 대고 맞매듭(33번 항목 참조)으로 맨다. 출혈이 멈출 때까지 비튼 다음, 끈이나 천 조각 같은 것으로 풀리지 않게 고정한다.

도움 요청하기 지혈대를 사용한 시간을 측정하고, 가능한 한 빨리 전문 의료인의 도움을 받을 수 있도록 한다. 당신은 이미 생명을 구했고, 환자의 사지도 구할 수 있을 것이다.

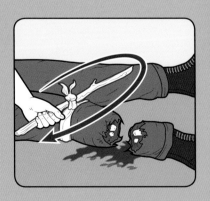

79 자상 환자 돕기

흔한 부상은 아니지만, 무언가에 찔렸을 때의 대응 방법을 알아 두면 사람을 살릴 수도 있다. 철근 또는 울타리 기둥 같은 뾰족한 것에 찔리는 경우, 자동차나 오토바이의 과속으로 인한 사고 부상 등이 해당된다.

1단계 찌른 물질을 제거하지 않는다. 제거로 인해 추가적 조직 부상, 과다 출혈이 생기거나 흉부 부상일 경우 기흉을 일으킬 수도 있다. 제거하는 대신, 부상자가 움직이거나 이송되는 과정에서 그 물질이 움직이지 않도록 하는 것이 중요하다.

2단계 외지에서 응급 구조원의 도움 없이 부상자를 이송해야 하는 상황이라면 찌른 물건을 어느 정도 잘라 내어 움직이기 용이하도록 한다. 이것은 화살처럼 가느다란 물건일 경우에만 해당된다.

3단계 출혈을 막고 찌른 물질을 움직이지 않게 고정하기 위해 붕대를 감거나 밴드를 붙인다. 구급차나 구급 헬리콥터가 오지 않는 한 무조건 병원 응급실로 부상자를 옮긴다.

 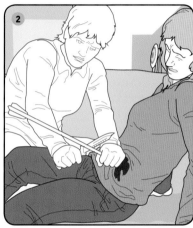 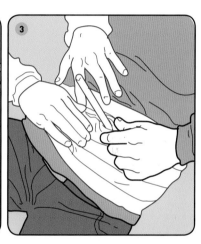

80 총상 환자 돕기

총상의 정도는 부상자가 어디서, 어떤 무기로, 어떤 총알로 당한 것인지 등에 따라 달라진다. 구조를 기대할 수 없는 외지 등의 매우 위험한 환경이 아니라면 스스로 외과적인 처치를 하지 말고 도움을 요청하라. 단, 도움을 받기 전까지 부상자를 도울 수 있는 몇 가지 방법이 있다.

먼저, 부상자의 호흡, 맥박, 혈액 순환(73번 항목 참조)을 확인한다. 호흡이 없거나 맥박이 뛰지 않는다면 CPR(81번 항목 참조)을 실시하고, 숨도 쉬고 맥박도 뛴다면 출혈을 막아야 한다. 총알이 관통한 앞뒤를 확인한 다음, 밴드나 붕대를 상처가 심한 곳부터 붙이거나 감는다.

총알이 몸속에 박힌 상태라면 무조건 그대로 둔다. 총상은 치료해야 할 상처가 매우 많다. 총알을 빼내는 것은 아주 위험한 처치인데, 더 심각한 출혈과 손상을 일으킬 수 있기 때문이다. 그리고 소독하지 않은 도구를 사용할 경우, 감염의 위험마저 생긴다. 그러니 출혈을 막고, 상처를 소독하고, 부상자를 안전하게 병원으로 옮겨 전문의가 총알 제거 및 추후 처치를 하도록 돕기만 하자.

81 CPR 시행법

유사시에 대비하려면 CPR 훈련을 받아야 한다. 하지만 훈련 없이도 도울 방법은 있다.

1단계 119에 전화를 하거나 응급 처치 도움을 요청한다.

2단계 환자의 흉골에 한쪽 손바닥을 대고, 다른 한 손을 그 손등 위에 놓는다.

3단계 팔꿈치를 펴 직각이 되게 고정한 후 체중을 실어 흉부를 5센티미터 깊이로 누른다. 분당 100회 정도의 속도로 실시한다.

4단계 CPR 훈련을 받았다면 30회의 압박 후 천천히 환자의 머리를 뒤로 젖혀 기도를 열고 코를 손으로 잡아 막은 후 2회의 인공호흡을 한다. 구급대가 오거나 환자의 상태가 좋아지기 전까지 2~4단계를 반복한다.

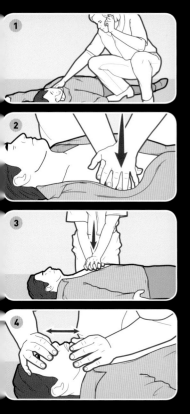

82 자동 심장 충격기(AED) 사용법

심장마비가 일어난 후 3~5분 이내로 자동 심장 충격기(AED)를 사용하면 환자의 생명을 구할 확률이 5퍼센트에서 70퍼센트 이상까지 높아진다. AED는 경험이 없거나 훈련을 받지 않은 사람을 포함하여 누구나 사용할 수 있기 때문에 더욱 좋은 도구이다. 그러나 AED는 자동으로 심장 박동을 분석하고 필요시에만 적절한 심장 박동을 회복하기 위해 작동한다. 불필요한 환자에게는 작동하지 않을 수 있다.

1단계 쓰러진 환자를 발견하면, 즉시 119로 신고를 한다. 주변에 사람들이 있다면 신고를 부탁하고 다른 사람에게는 AED 준비를 부탁한다.

2단계 환자가 숨을 쉬고 있는지 확인한다. 숨을 쉬고 있다면 맥이 있다는 뜻이다. 호흡이 없다면 CPR을 시작한다.

3단계 AED를 가져오면 환자의 맨 가슴에 전기 패드를 붙인다. 그동안 다른 사람에게는 CPR을 부탁한다. AED 본체나 패키지에 사용 방법이 써 있으므로 그 순서대로 시행하면 된다. AED가 자동 분석을 하지 못하거나 작동하지 않으면 CPR을 계속한다.

4단계 AED의 전원을 켜고 화면이나 소리로 지시하는 것에 따라 올바르게 시행한다.

5단계 충격 버튼을 누르라는 지시가 있으면 버튼을 누르고, 계속해서 AED의 지시에 따른다. 만약 충격에 대한 지시가 없으면, 구급대가 오기 전까지 CPR을 시행한다.

83 질식 환자 돕기

숨이 막히게 되면 호흡과 말하는 것이 모두 불가능하다. 목을 잡은 채 힘들어 하는 사람을 보면 상황을 빠르게 파악하고 즉각 대응한다.

환자의 뒤에 서서 팔로 환자의 허리를 감아 안는다. 이때 한 손은 주먹을 쥔 채로 명치와 배꼽 사이에 놓고 다른 한 손으로는 주먹을 잡는다(Ⓐ). 두 손으로 환자의 복부를 강하게 누르면서 끌어올린다. 기도가 열릴 때까지 반복한다. 환자의 뒤에 설 수 없거나 환자가 의식을 잃고 쓰러졌다면 눕힌 채로 다리를 벌리고 환자의 위에 앉아 처치를 한다(Ⓑ). 유아나 아기를 대할 때는 한 팔로 부드럽게 안은 채 손 끝으로 흉부를 5회 정도 누르고(Ⓒ), 유아를 뒤집어 등의 가운데 부분을 5회 친다. 앞뒤로 번갈아 기도가 열릴 때까지 반복한다.

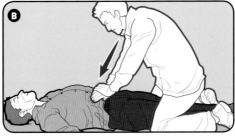
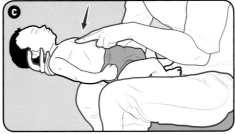

84 자가 대응을 실시한다

혼자일 때 숨이 막히는 일이 생기면 하임리히 요법과 유사한 방법을 이용하자. 주먹을 쥐고 엄지손가락을 흉곽 아래, 배꼽 바로 위에 위치한 뒤 다른 손으로 주먹을 쥐고 압박을 가한다. 흉부를 빠르게 위로 올려치듯 자극해야 한다. 실패했다면 테이블이나 의자, 난간을 이용할 수 있다. 끝부분에 복부의 위쪽을 대고 빠르게 반복해서 밀친다. 목에 걸린 이물질이 빠질 때까지 계속한다.

85 상처의 종류를 파악한다

상처는 보통 전문 의료진에게 그 특징을 설명할 특정 용어로 분류되는데, 이 개념을 이해하고 있으면 더 나은 응급 처치를 할 수 있고 구급 대원과 원활한 소통을 할 수 있다.

용어	설명	원인
절상	칼로 그은 듯 선명하게 베인 상처	칼날, 날카로운 모서리, 깨진 유리
열상	가장자리가 울퉁불퉁한, 피부가 찢겨진 상처	끝이 톱니 모양이거나 깨진 물체, 둔기 가격
자상	찔려서 생긴 창상. 외견에 비해 깊은 내부 손상을 동반한 경우가 많고 과다 출혈이나 기관 손상이 올 수 있으며 종종 물체가 상처에 박혀 남기도 함.	칼이나 날카로운 물체, 총상
찰과상	마찰에 의하여 피부 표면에 입는 수평적 외상. 긁힌 상처	울퉁불퉁한 면으로 떨어지거나 미끄러졌을 때, 자전거나 오토바이 이용자들에게 종종 생기는 상처
타박상	충격으로 인한 피하 출혈(멍)과 붓기. 다른 심각한 부상의 징후일 수도 있음.	둔한 물체
결출상	피부의 일부가 떨어져 나가며 생기는 열상. 특징상 치료가 어려움.	동물에게 물렸을 때, 오토바이 등에서의 낙하
절단	팔다리 일부를 완전히 잃은 상태. 주로 동맥 출혈을 동반. 떨어진 부위를 낮은 온도에서 보관하여 바로 병원으로 이송할 경우 다시 붙일 수 있음.	산재, 자동차 사고 외 큰 사고나 충격

86 감염 증상을 알아챈다

감염이 시작되었다면 빠르게 알아채야 한다. 감염은 통증이 심해지거나 붓고, 빨갛게 변하거나 열이 나는 등의 증상을 동반한다. 피부에 붉은 반점이 생기거나 상처 부위에 고름이 생길 수도 있고, 오한이나 발열 증상이 나타나기도 한다.

87 상처에 붕대를 감는다

'작은 밴드를 붙이면 되는 상처'와 '꿰매야 하는 상처' 중간의 상처들은 다음과 같이 치료할 수 있다.

1단계 상처를 깨끗하게 씻고 이물질이나 먼지를 모두 제거한다. 물과 비누로 충분한데, 과산화수소나 알코올은 통증을 일으키고 치유를 지연시키므로 추천하지 않는다.

2단계 직접 압박을 가하거나 상처 부위를 들어 올려 지혈한다.

3단계 상처를 살균 밴드나 붕대로 감싼다. 피가 배어 나오면 그 위에 새 붕대를 더 감는다. 밴드를 고정하기 위해 거즈나 접착식 탄력 붕대로 감싼다.

4단계 필요 시 이부프로펜이나 아세트아미노펜과 같은 일반 진통제를 복용한다.

5단계 피멍이 들거나 붓는 경우 환부에 얼음이나 냉찜질 팩을 20분 정도 댄다. 얼음이나 팩은 수건이나 옷

으로 감싸 동상을 예방한다.

6단계 완치될 때까지 상처를 깨끗하고 건조한 상태로 유지한다. 정도에 따라 며칠이 걸릴 수 있다.

7단계 상처 주변을 주의해서 관리하고 격렬한 활동은 피한다.

88 강력 접착제를 이용한다

더마본드는 봉합 대신 상처를 닫기 위해 사용하는 의료용 접착제이다. 강력 접착제와 비슷하지만 같은 것은 아니다. 강력 접착제는 의료용이 아니라는 것을 명심해야 하지만, 응급 상황이나 재난 시에는 어떤 것이 최선일지 결정해야만 한다. 또한 상처 봉합을 목적으로 접착제를 사용할 경우엔 감염을 막기 위해 상처를 깨끗하게 소독하는 것이 중요하다.

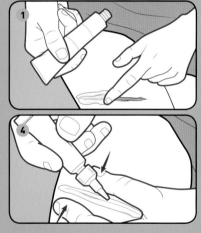

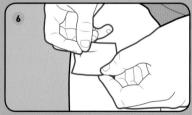

1단계 국소마취제가 있고 필요하다면, 사용한다.

2단계 상처를 소독하고 국소마취제를 바른다. 상처 주변은 건조한 상태여야 한다.

3단계 손가락으로 벌어진 상처를 잡아 닫은 후 접착제를 개봉한다.

4단계 상처의 표면에 접착제를 천천히 바른다. 상처 안으로 접착제가 들어가지 않도록 한다.

5단계 접착제를 얇게 세 겹 정도 바르고 손가락으로 잡아 봉합하여 적어도 1분 정도 기다린다.

6단계 접착제가 완전히 마른 후에 붕대를 감는다. 봉합 부위를 씻거나 습하게 하지 말고, 접착제가 저절로 떨어져 나가기 전까지 임의로 떼어 내지 않는다. 5~10일 정도 걸린다.

89 심근 경색의 징후

심근 경색, 또는 심장 발작은 심장의 혈류가 멈추면서 심근에 충격을 주어 일어나는 것이다. 심근 경색은 부정맥, 심부전, 심장 마비를 일으킨다. 일반적인 원인은 흡연 등의 생활 습관이나 당뇨 같은 질병, 고혈압, 비만, 유전적 요인 등이다.

심근 경색은 갑작스럽게 또는 강하게 오기도 하지만 대부분은 가벼운 통증이나 불편함 같은 미미한 증상으로 시작된다. 그래서 종종 증상이 나타났음에도 무엇이 잘못된 것인지 확신하지 못하거나 도움을 청하지 않고 기다리는 경우가 있다.

가장 일반적인 징후는 흉통이나 어깨, 팔, 등, 목, 턱으로 뻗어 나가는 통증이다. 흉부 중앙이나 좌측으로 몇 분간 지속되는 통증이 오기도 하며, 속쓰림 같이 느껴지기도 한다. 숨 가쁨, 메스꺼움, 식은땀, 현기증, 피로감의 증상이 동반되기도 한다. 주로 남성보다 여성이 숨 가쁨, 메스꺼움, 구토, 등과 턱의 통증을 잘 느낀다.

생명을 위협할 수 있는 증상들이므로 빨리 119에 전화를 하거나 응급실로 가야 한다. 아스피린을 복용하면 심장 마비를 일으키는 혈전 감소에 도움이 된다.

90 뇌졸중의 징후

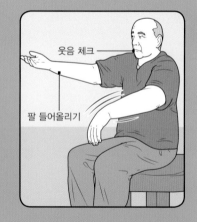

웃음 체크

팔 들어올리기

뇌졸중은 뇌로 가는 혈액 순환이 원활하지 않아 뇌 손상을 일으켰을 때 일어난다. 두 가지 주요 유형은 혈액 순환 장애로 인한 뇌경색과 출혈로 인한 뇌출혈이다. 둘 다 뇌가 제 기능을 하지 못해 일어나는 것이고, 위급하다. 뇌졸중은 성별과 나이를 불문하고 누구에게나, 언제든지 일어날 수 있으며 치료하더라도 3분의 2 이상의 환자들이 영구적인 장애로 고통 받는다. 몇 분 안에 결과가 달라질 수 있으므로 징후를 알아채면 사망이나 장애를 막을 수 있다.

뇌졸중의 징후가 보이는 사람을 발견하면 웃어 보라고 하거나 팔을 들어 보라고 하거나 말을 시켜 본다. 정상적으로 반응하지 않는다면 구급차를 부른다. 구급차 이용이 불가능하다면 직접 병원으로 옮기도록 한다. 반드시 '가능한 한 빠르게' 행동한다.

얼굴 처짐 얼굴의 일부가 마비되었거나 처졌는가? 웃어 보라고 했을 때, 근육이 정상적으로 움직이는가?

팔의 힘 한쪽 팔이 늘어졌거나 마비되었는가? 두 팔을 모두 들어 보라고 했을 때, 한쪽 팔이 축 처지는가?

언어 장애 말을 할 수 있는가? 발음이 불분명하거나 말을 이해하지 못하는가? 간단한 문장을 말하도록 했을 때, 정확하게 따라할 수 있는가?

119에 전화 이 중 어떤 증상이라도 보인다면 증상이 잠시 사라졌더라도 119에 전화를 하고 도움을 청한다. 증상이 사라진 순간을 기록하고 전달한다.

91 공황 발작의 징후

공황 발작, 또는 불안 발작은 예기치 못한 극심한 고통이나 두려움에 의해 일어난다. 전조 증상 없이 갑작스럽게 나타나며, 일반적으로 10분 이내의 시간 동안 지속된다. 드물게는 30분 이상 지속되기도 한다. 숨 가쁨과 흉통이 가장 일반적인 증상이며 심장 마비가 온 것 같은 착각을 한다. 하지만, 숨 가쁨이나 흉통은 심장 혈관 질병의 증상이기도 하므로 정확한 원인을 밝히기 위해 빨리 응급 의료 기관을 찾아가야 한다.

공황 발작의 징후

- 절망감, 고립, 비현실감을 느낌
- 자제력 상실이나 극심한 두려움
- 두근거림이나 흉통
- 현기증, 어지러움
- 과호흡, 호흡 곤란, 숨막힘
- 일과성 열감 또는 오한(안면이나 목 부위에 부분적으로)
- 부들부들 떨림
- 메스꺼움 또는 위경련
- 전신의 마비나 저림 현상
- 두통이나 요통
- 발한
- 입술이 마르거나 침을 삼키기 힘듦

92 공황 발작 진정시키기

환자의 곁에 있는 것만으로도 공황 발작의 상태를 크게 호전시킬 수 있다. 공황 발작 환자를 진정시킬 수 있는 몇 가지 방법을 소개한다.

현 장소에서 꼭 벗어나고 싶어 하는 사람은 조용하고 안전한 장소로 안내한다. 도움을 주고 힘이 되어 줄 것이라고 차분하게 계속 말해 주고 안정감을 느끼도록 한다. 안전한 장소로 가면 이곳은 안전하다고 알려 준다.

공황 발작이 일어나면 물리적인 도움을 주기 전에 그래도 되는지 먼저 물어 본다. 사전 동의 없이 신체 접촉을 하면 환자의 공포감을 상승시키고 상황을 악화시킬 수 있다.

어떻게 도와줄지 물어 본다. 환자가 해결 방법을 알고 있다 하더라도 실행을 위해 누군가의 도움이 필요할 수 있다. 두려움이 환자에게는 지극히 현실이라는 점을 받아들인다. 그 감정을 어떻게든 축소하거나 없애고자 한다면 공황 발작이 더 심해질 수도 있다. 감정을 자제하고 차분하게 질문을 하는 등의 방법으로 환자가 말하게 하거나 현 상황을 처리하게 한다. 귀 기울여 이야기를 들어 주고 어떤 대답이든 수용한다.

천천히, 신중하게 호흡할 수 있도록 돕는다. 숨을 들이마시고 내쉬는 박자를 만들어 주며 따르게 하는데, 큰 소리로 수를 세어 2초간 들이마시고 2초간 내쉬도록 한다. 서서히 시간을 늘려 호흡이 천천히 안정되도록 이끌어 준다.

공황 발작은 주로 목이나 얼굴에 열이 오른다고 느낄 수 있기 때문에 시원하게 적신 옷 등으로 열감을 내려 주어 진정시킨다.

발작이 끝나 안정될 때까지 곁에 머문다.

93 발작(뇌전증) 환자 돕기

발작은 열, 부상, 뇌졸중, 뇌종양, 특정 약물 등에 의해 뇌에 비정상적인 전기적 활동이 일어나 생긴다. 일반적으로 이런 증상을 동반하는 질병을 뇌전증이라고 한다. 뇌전증에는 여러 종류가 있으며 강직간대발작이 가장 흔하다. 발작 환자는 딱딱하게 굳으며 쓰러지거나 1~2분 정도 경련을 일으킨다. 호흡 곤란으로 입 주변이 부분적으로 창백해지거나 파랗게 질릴 수 있으며 배뇨 장애가 일어나기도 한다.

목격하는 순간에는 놀라겠지만, 항상 응급 의료 기관으로 이송해야만 하는 것은 아니다. 경련이 끝나면 천천히 극복할 수 있고, 멍한 상태나 질문에 답하기 힘든 상태가 어느 정도 지속되기도 한다. 가능하다면, 발작을 일으키는 사람을 바닥에 눕힌다. 주변에 위험할 수 있는 딱딱하고 날카로운 것들을 치우고 베개같이 부드럽고 평평한 것으로 머리를 받쳐 주도록 한다. 발작 시간을 체크하고 기록하여 구급 대원에게 전달한다. 발작이 멈추고 나면 환자가 회복 자세(95번 항목 참조)를 취하도록 하고 안정될 때까지 곁에서 차분히 회복할 수 있도록 돕는다. 아주 위험한 상태가 아니라면 행동을 제지하거나 임의로 환자를 이동시키지 않는다. 완전히 회복할 때까지는 입에 어떤 것도 넣어 주지 말고 음식이나 음료도 먹이지 않는다.

발작이 오래 지속되거나 의식 회복 없이 발작이 재발하면 구급차를 부른다. 발작 후에 다치거나, 호흡 곤란을 일으키거나, 공격적으로 변한다든지 당뇨, 심부전, 임신 등의 추가 문제가 있을 경우에도 가능한 한 빨리 의료 기관으로 이송하도록 한다.

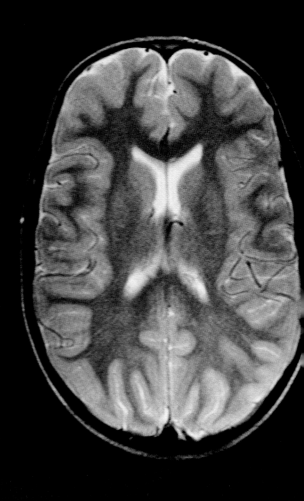

94 환자의 척추 보호

목뼈, 즉 경추는 꺾이거나, 눌리거나, 과신전 되었을 경우 골절의 위험이 있다. 척수 손상과 압박으로 이어져 영구적인 시신경 손상과 마비를 일으킬 수 있기 때문에 위험하다. 경추 부상은 자동차나 자전거 사고, 낙상, 운동 상해, 폭행 등에 의해 일어날 수 있으며, 심각한 경부 통증을 동반한다.

부상자가 의식이 있다면 움직이지 않도록 하고 경추 고정을 도울 것이라고 말해 준다. 부상자의 머리 위쪽으로 무릎을 꿇고 앉아 양손으로 머리를 감싸 움직이지 않게 잡는다. 머리는 움직임을 막기 위해 부드럽지만 단단히 붙잡는다. 작은 움직임도 경추 손상을 악화시킬 수 있으니 의료진이 도착할 때까지 호흡과 혈액 순환이 힘든 경우나 상태 유지가 안전하지 않은 경우를 제외하고 가능한 한 움직임을 막는다.

95 환자의 회복 자세 돕기

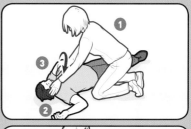

아프거나 부상을 당한 사람이 의식은 없으나 숨을 쉬고 있고, 생명에 위협을 주는 다른 요소들이 없으며 척추 부상이 없는 경우라면 회복 자세를 취하도록 한다. 회복 자세는 기도를 열어 주고 호흡을 편안하게 해 주며, 토사물이나 다른 체액을 삼키거나 질식하는 등의 생명 위협을 막을 수 있다.

1단계 환자의 한쪽에 무릎을 꿇고 앉는다.

2단계 당신과 가까운 쪽에 있는 환자의 팔을 직각으로 구부리고 환자 머리 위로 올린다.

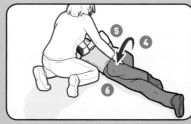

3단계 다른 팔은 가슴 쪽으로 가로지르게 한 후 머리 밑으로 넣어 손등이 뺨에 닿도록 한다.

4단계 멀리 있는 쪽의 다리를 구부린 채 당겨 직각으로 만든다.

5단계 조심스럽게 환자가 당신 쪽을 향하도록 돌리고 구부린 무릎과 어깨를 당긴다.

6단계 옆으로 환자를 눕히고 나면 구부린 무릎이 엉덩이 위로 오도록 하여 안정적인 자세를 만들어 준다.

7단계 환자의 기도가 확보되도록 머리를 젖히고 턱을 들어 올린다(73번 항목 참조). 기도를 막는 것이 없는지 확인한다. 환자의 옆에 머무르며 구조대가 올 때까지 호흡과 맥박을 살핀다. 기다리는 동안 환자를 안심시킨다.

96 쇼크 환자 돕기

쇼크 상태가 되면 몸의 주요 기관과 조직이 충분한 혈액을 공급받지 못한다. 상해를 입은 후에 흔히 일어날 수 있는 증상인데, 심각한 손상을 입거나 사망에 이를 수도 있다. 사고로 인해 상해를 입은 모든 부위에서 쇼크가 일어날 수 있다고 생각하면 된다. 증상이 나타나기 전에 사전 치료를 하는 것이 좋다. 조기 치료는 쇼크의 강도를 줄일 수 있고 생명을 구할 수 있다.

1단계 불안증, 신경과민, 착란이나 주의력 결핍, 빠른 맥박, 빠르고 얕은 호흡, 창백하고 차갑고 땀이 나는 피부, 추위, 땀, 피부가 얼룩덜룩해지거나 푸르스름한 피부(특히 입 주변), 빛에 느리게 반응하는 확대된 동공, 갈증, 메스꺼움, 구토와 같은 증상 등이 일어나는지 확인한다.

2단계 환자를 눕히고 머리를 낮게 둔다. 출혈 등의 상처 치료를 한다.

3단계 환자의 발을 조심스럽게 올린다.

4단계 조이는 옷이나 벨트를 풀어 숨을 잘 쉬게 한다.

5단계 담요나 코트 등으로 환자를 따뜻하게 해 준다.

6단계 차분하게 말을 걸고 구조대가 올 것이라고 안심시킨다. 음식이나 음료를 주지 않는다.

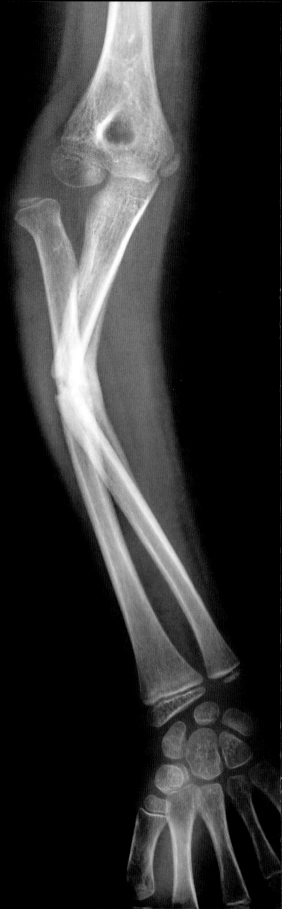

97 가는선골절 알아채기

가는선골절은 의학 용어로 뼈가 완전히 부러진 것이 아닌, 금이 간 경우를 일컫는다. 하지만 더 심하게 금이 가거나 부러지는 등 힘든 상태가 될 수도 있다. 치료를 위해 수술이 필요할 수도 있다.

가는선골절은 골절보다 염좌나 삐는 것에 가까우므로 까다롭다. 즉, 통증이 느껴지는데도 붓거나 멍이 들지 않는 등 외형의 변화가 없을 수도 있으며, 정상적으로 기능하기도 한다. 그래서 3, 4일이 지난 후에도 통증이 가라앉지 않아 이상이 있음을 알아채는 경우가 많다. 상해를 입고 며칠이 지났음에도 통증이 지속된다면 진료를 받도록 한다. 재난 상황이라 의료 지원을 받을 수 없다면 골절로 판단하고 부목을 대는 등의 적절한 대응을 한다.

98 골절 환자 돕기

다행히도 골절은 안정적인 부상에 속한다. 병원에 가는 것이 가장 좋지만 의료 지원을 받지 못하는 경우에는 부목으로 고정하고 필요시에는 접골을 하여 통증이나 불편함을 감소시킬 수 있다. 사실, 부목과 붕대로 고정하는 것이 수술 없이 부러진 팔다리를 고칠 유일한 방법일 것이다.

부상 정도 가늠하기 대부분의 골절은 접골이 필요하지 않지만 뼈가 완전히 또는 대각선으로 부러졌거나 여러 조각이 났다면 필요하다. 뼈가 피부 밖으로 돌출이 된 경우에는 접골을 시도하지 말고 그냥 부목을 댄 후 습윤 드레싱으로 덮도록 한다.

혈액 순환 확인하기 골절 부위 주변의 피부를 눌러 본다. 누른 자리가 하얗게 변한 후 바로 다시 분홍빛이 되어야 한다. 창백하거나 푸르스름한 색으로 변하고 맥박이 느껴지지 않으며 감각이 없거나 저림 증상이 나타나면 혈액 순환이 제대로 되지 않고 있다는 뜻이다.

골절 부위 교정하기 혈액 순환 장애로 인한 부종, 통증, 조직 손상을 줄이기 위해서는 골절된 뼈를 제자리로 교정해야 한다. 천천히 조심스럽게 골절 부위의 양측을 반대 방향으로 당기면 된다. 두 사람이 같이 해야 쉽다.

팔다리 부목 대기 부목을 대어 골절 부위가 움직이지 않도록 고정한다.

99 팔걸이 붕대 만들기

팔걸이 붕대는 팔의 골절이나 심한 염좌, 깊은 열상 등의 부상 시 팔을 고정시켜 주는 가장 쉬운 도구이다. 즉석 팔걸이 붕대 만드는 법을 알면 필요 시 유용하다. 특히 병원으로 가는 중에 스스로 어느 정도 해결하고자 하거나 의료 지원을 기다려야만 하는 상황에서 해 볼 수 있다.

1단계 가로세로 1미터 정도의 천을 준비한다. 천을 평평하게 펼치고 대각선으로 한 번 접는다(응급 상자에 적어도 두 개의 팔걸이 붕대용 천을 넣어 두자.).

2단계 접은 안쪽으로 팔을 넣고 양 끝을 목에 두른다. 팔을 조심스럽게 들어 올려 비스듬하게 한다.

3단계 양끝을 묶되 팔꿈치 쪽 천이 주머니처럼 팔꿈치를 감쌀 수 있도록 한다. 자연스럽게 팔이 더 안정적으로 고정될 것이다.

4단계 두 번째 팔걸이 붕대(벨트도 사용 가능)로 팔을 움직이지 않게 고정한다. 팔꿈치 위 흉부에 두르고 다친 부위를 피해 위쪽으로 감는다. 원활한 혈액 순환이 중요하므로, 너무 조이지 않게 묶는다.

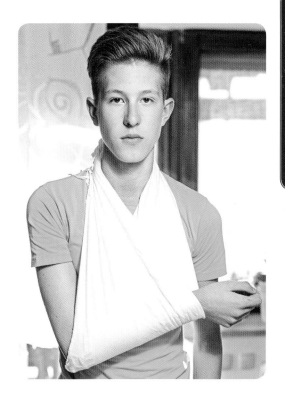

100 다리에 부목 대기

다리에 부상을 입었을 경우. 특히 관절 부상일 경우 고정시키는 것이 가장 중요하다. 천이나 티셔츠, 테이프, 판지, 부상 부위를 받쳐 줄 신축성 있는 물건을 이용해 부목을 만든다.

1단계 직접 압박을 가하거나 필요할 경우 지혈대를 사용(77번 항목 참조)하여 출혈을 막는다.

2단계 부상 부위의 맥박을 체크한다. 발목이나 발등이 일반적으로 맥박을 확인할 수 있는 부위이다. 맥박 확인은 엄지손가락이 아닌 다른 손가락으로 한다. 엄지손가락에도 맥박이 뛰기 때문에 혼동할 수 있다.

3단계 다리 아래에 판지 등을 이용한 부목을 밀어 넣고 편안하고 안정적일 수 있도록 천이나 티셔츠 등의 패드를 끼운다.

4단계 부목을 접어 다리를 감싸고 테이프나 파라코드 등으로 고정한다. 움직이지 않도록 충분히 단단하게 고정하되, 너무 세게 조이면 혈액 순환을 방해할 수 있다. 안정감을 위해 부상 부위의 위아래로 부목을 고정시킨다.

5단계 맥박을 다시 확인한다. 20분마다 체크하고, 원활한 혈액 순환을 유지하도록 한다. 마비 또는 저림 증상이 오거나 맥박이 느껴지지 않으면 부목을 조금 느슨하게 조절한다.

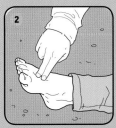

101 화상 환자 돕기

피부는 신체를 이루는 가장 큰 조직이며 여러 겹의 층으로 이루어져 있다. 화상의 정도는 얼마나 피부 층 속으로 깊이 침투했느냐에 따라 달라지며, 그에 따라 치료 방법도 다르다.

화상 정도에 상관없이 우선 장신구, 벨트, 방해가 되는 옷을 제거한다. 특히 환부 주변은 빠르게 부풀어 오르기 때문에 모두 제거해야 한다.

1도 화상 표피 화상으로도 알려진 가벼운 화상으로 뜨거운 액체나 햇빛 노출 등에 의해 입는 화상이다. 자연 치유가 되지만 환부 주위의 장신구나 옷 등을 제거하고 냉찜질이나 알로에 베라 젤을 이용해 열을 식혀야 한다. 항염증제를 복용하면 더 빠르게 치유할 수 있으며 보다 편안해진다.

2도 화상 화염, 끓는 물, 뜨거운 금속으로 인한 화상으로 피부의 진피층까지 손상된 상태이다. 물집(수포)이 생기고 낫기까지 수일이 소요된다. 화상 부위에 차가운 물을 뿌리고 일어난 피부를 제거한다(감염을 막기 위해 수포가 생긴 부분은 그대로 둔다). 화상용 젤을 바르고 비접착성 드레싱을 매일 갈아준다. 화상 범위의 직경이 7.5센티미터 이상이거나 화상 부위가 얼굴, 손, 발, 사타구니, 엉덩이라면 응급 의료 기관을 방문해 치료를 받는다.

3도 화상 피부 전층이 손상된 심한 화상이다. 쇼크 치료를 하고 환자를 병원으로 이동시킨다. 환부를 살균 화상 시트나 깨끗한 천으로 가볍게 덮는다. 저체온증이 올 수 있으므로 젖은 붕대는 사용하지 않는다. 피부 이식 수술이나 광범위한 치료가 필요할 수 있다.

4도 화상 피부 전층 아래, 즉 신경, 근육 및 뼈 조직까지 손상을 줄 수 있다. 매우 심각한 상태로 생명을 위협하는 수준일 수 있으며, 신경 손상이 일어나기 때문에 통증과 감각에 대해 설명조차 하지 못할 수도 있다. 영구적인 장애나 사망에 이를 수 있으므로 즉시 의료 기관으로 이송해야 한다. 3도 화상과 마찬가지로 우선 살균 시트로 덮는다.

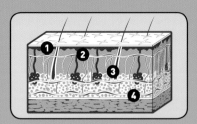

102 화학 화상 대처법

화학 화상의 가장 큰 문제는 화학 물질의 종류가 너무 다양하고, 종류에 따라 다른 치료 방법이 필요하다는 것이다. 어떤 화학 물질이 원인인지를 정확히 알게 된다면, 의료 상자의 안내대로 따라할 수 있다. 그리고 화학 물질 정보(MSDS)를 통해서 진화, 안전 보호구, 밀폐와 위생 안전에 대한 기술 정보를 얻을 수도 있다. 화상의 원인이 되는 물질의 성분을 명확히 판단하기 힘들다면, 기본적인 지침을 따르도록 한다.

1단계 화상을 일으킨 화학 물질을 조심스럽게 제거한다. 분말 물질은 잔여물이 남지 않도록 완전히 털어 낸다. 맨손보다는 장갑을 착용하거나 수건, 솔 등을 사용한다.

2단계 오염된 옷이나 장신구를 모두 제거한다.

3단계 화상 부위를 즉시 씻어 낸다. 시원한 물을 약하게 틀어 10분 이상 화상 부위에 흐르도록 한다. 오염된 물이 튀어 눈에 들어가는 일이 없도록 주의한다.

4단계 붕대나 밴드를 헐겁게 감는다.

5단계 필요 시 일반 진통제를 복용한다.

103 전선에 주의한다

감전당한 사람을 도울 때에는 스스로의 안전을 먼저 생각해야 한다.

실내 전원에 의한 감전인 경우엔 우선 전원을 끄고 플러그를 뽑거나 두꺼비집의 동력을 단절시킨다. 나무 빗자루대 등의 비전도성 물체를 이용하여 동력을 차단할 수도 있다(가능하면 목판, 두꺼운 책 등의 위에 올라서도록 한다.). 전원이 외부에 있지만 주거용과 전력이 비슷한 것이라면, 같은 방법을 쓴다.

전원이 완전히 차단되기 전까지 고압선 근처에는 가지 않는다. 머리 위의 전깃줄은 보통 절연 처리가 되어 있지 않으므로 전선이 튀고 있거나 불꽃을 일으키고 있다면 적어도 10미터 이상, 비가 오고 있다면 20미터 이상 거리를 둔다. 사고 발생 지역에서 다리나 하반신이 저림을 느낀다면 전기가 통하는 땅 위에 서 있다는 뜻이다. 감전을 피하려면 한 발을 들거나 다른 쪽에 두어 완전히 감전되지 않도록 한다. 전선이 차량 위로 떨어졌다면, 전문가가 안전하다고 알려 주기 전까지 차량 내부에 머무른다.

104 감전 환자 돕기

감전에 의한 부상은 당시 상황, 전압, 전류의 흐름 등 몇 가지 요인에 따라 달라진다. 감전은 화상을 일으킬 수도 있고, 아무런 흔적을 남기지 않을 수도 있지만 어떤 경우든 전류가 몸에 흐르게 되면 치명적인 내부 손상을 일으킬 수 있다.고압 전류가 흐르면 부상자의 신체 내부와 외부 모두 화상을 입으며, 발작, 착란, 의식 불명, 근육통, 경련, 호흡 곤란, 부정맥, 심장 마비가 올 수 있다.

감전 사고자를 발견하면 즉시 119나 응급 센터에 전화를 한다. 낙뢰나 고압 감전일 경우에는 더욱 위급하다. 쇼크 상태의 환자 몸을 섣불리 만지지 않도록 한다. 필요 시 CPR을 시행하고, 화상이나 쇼크 치료를 한다.

105 저체온증 환자 돕기

이상적인 정상 체온은 섭씨 36.5도 정도이다. 체온이 35도 아래로 내려갔다면, 저체온증을 의심해 보아야 한다. 증상은 가벼운 오한부터 혼수 상태까지 다양하게 나타나며, 체온이 얼마나 내려갔는지에 따라 달라진다.

저체온증 치료는 간단하고 직접적이다. 우선 몸을 따뜻하게 하고 위험한 장소에서 벗어난다. 누군가를 저체온증으로 만들 만큼 낮은 온도라면, 다른 사람들도 곧 같은 증상을 겪게 될 것이라 예상해야 한다.

저체온증 환자를 춥지 않은 곳으로 옮긴 후, 젖은 옷을 모두 벗도록 한다. 담요나 코트로 몸을 감싸 주고, 따뜻한 물을 주고, 핫팩이 있다면 겨드랑이와 사타구니, 배 위에 올려 준다. 따뜻하고 달콤한 음료가 도움이 될 것이다. 술 또는 알코올이 들어간 음료는 오히려 열을 빼앗아가므로 피한다. 그런 다음, 가능한 한 빠르게 병원으로 옮긴다.

106 동상 예방하기

매우 추운 날씨에 자주 외부에 있다면, 동상을 예방하는 방법을 배워 두자. 동상 예방은 추위와 바람을 막아 주는 적절한 옷을 입는 기본 상식에서 시작한다.

겹쳐 입기 가볍고 헐렁한 옷을 여러 개 겹쳐 입는 것이 두꺼운 옷 하나를 입는 것보다 낫다. 플리스, 폴리프로필렌, 울 등 추위를 막을 수 있는 소재가 좋다. 몸에 꽉 끼는 옷은 피한다.

손발과 머리 보호 손가락장갑보다는 벙어리장갑을 사용한다. 손을 자주 꺼내 사용해야 한다면 벙어리장갑 안에 얇은 장갑을 하나 더 착용하면 보온성을 높일 수 있다. 양말은 두 겹으로 신고 머리와 얼굴은 최대한 감싸는데, 특히 귀는 꼭 보온한다.

주의 수분 섭취를 충분하게 하고 술을 마시거나 흡연을 하지 않는다. 장시간 한자리에 가만히 서 있거나, 젖은 상태로 있거나, 추위와 바람에 오랫동안 노출되지 않도록 주의한다. 가능할 때마다 바람과 추위를 피할 장소에 들어가 있도록 한다. 얼얼하고, 화끈거리고, 심장이 두근거리는 등 동상의 징후가 나타나면 즉시 따뜻하게 하고 안전한 상태를 유지한다.

107 열에 의한 질병

열이 오르기 시작해서 40도 이상의 고열로 치솟으면, 어지러움을 느끼고 때론 의식을 잃게 될 수도 있다. 특정 환경에서의 열에 의한 질병은 사망에 이르게 할 정도로 치명적이다.

열과 관련한 두 가지 질병 중 가벼운 것은 일사병으로, 체온이 과도하게 올라갔을 경우 일어난다. 일사병 환자는 어지러움, 메스꺼움, 피로감, 과다 발한, 냉습 피부 등의 증상을 겪는다. 치료 방법은 간단하다. 환자를 그늘에 눕히고, 다리를 올려 주고, 충분한 수분을 섭취

하도록 하는 것이다(A).

체온이 40도까지 오르면 생명을 위협할 수 있으므로 즉시 열사병 치료를 해야 한다. 온도계를 통해 확인하는 것 말고 뜨겁고 건조한 피부, 어지러움, 의식 불명의 증상 등으로 확인할 수 있다. 치료를 위해서는 환자의 머리를 들어 올리고 젖은 수건 등으로 감싼다(B).

열사병은 생명을 위협하는 위급한 질병이므로 빠른 처치와 의료 지원이 필요하다. 고열 상태가 너무 오래 지속되면 신장, 뇌, 심장에 손상을 입는다.

108 탈수 예방하기

음식 없이는 어느 정도 버틸 수 있지만, 수분 부족의 경우 이야기가 달라진다. 지속적인 수분 섭취가 이루어지지 않으면 탈수 증세가 빠르게 나타난다. 힘이 없고, 판단력이 흐려지며, 최악의 경우 살고자 하는 욕구를 상실한다. 규칙적으로 음료를 마시되, 정수된 물이 가장 좋다. 목이 마르다고 느낄 때까지 기다리지 않는다. 수분 섭취 계획을 세워 마시고, 특히 재난 시엔 최대한 실행한다. 탈수의 위험성은 추울 때나 더울 때나 마찬가지이다. 숨을 쉴 때마다 건조한 공기 속으로 수분을 뱉어 내는데, 추울 때는 목마름을 덜 느끼게 된다.

더울 때 활동하면서 충분한 수분을 섭취하지 못하면 탈수가 온다는 사실을 잘 알고 있을 텐데, 고지대에서는 더욱 그렇다. 공기가 건조하고 산소가 부족하여 숨을 더 가쁘게 쉬고 땀을 더 많이 흘려 탈수 증세를 빠르게 불러온다. 탈수 증세가 나타나면 물이나 맑은 수프 또는 코코넛 물처럼 전해질이 포함된 음료를 마신다. 하지만 땀을 흘려 염분과 미네랄이 부족해졌을 때 순수한 물을 과다하게 섭취하면 위험할 수 있다.

109 일상 속 독극물에 주의한다

아이들을 가정용 세척제, 세제, 표백제로부터 멀리해야 한다는 것은 잘 알고 있을 것이다. 약물이나 약품도 마찬가지이고, 알약은 사탕처럼 보일 수도 있기 때문에 더욱 조심해야 한다. 가정에 또 다른 위험한 물질들이 숨어 있지는 않은가?

화장실 매니큐어 리무버, 샴푸, 구강 청결제를 조심하라. 포함된 성분이나 알코올 때문에 대부분의 신체 케어 제품은 삼키면 위험하다.

차고나 창고 살충제, 페인트, 얼룩 제거제, 연료, 기름 등은 모두 삼켰을 때 굉장히 위험한 물질들이다. 대부분은 냄새로 유해성을 알 수 있지만, 부동액, 유리 세정제는 치명적인 유해물질임에도 불구하고 밝고 투명한 색을 띠고 있거나 달콤한 향을 내기도 해 구분하기 힘들 수 있다.

주방 날것이나 덜 익은 것, 생선 등은 살모넬라 식중독 같은 질병을 일으킬 수 있다. 잘 알려져 있지 않지만 조리되지 않은 콩도 조심해야 한다. 대부분의 콩에 주의해야 하는데, 특히 붉은 강낭콩의 렉틴 성분은 익히면 없어지지만 날것으로 섭취 시 메스꺼움, 구토, 설사를 일으키기도 한다.

110 중독의 징후

아이가 중독을 일으킨 것인지를 확인해야 하거나 무엇을 먹었는지 말하지 않는 사람, 또는 음독자살을 시도한 사람을 도와야 할 경우엔 중독의 일반적인 증상을 살펴야 한다.

중독 환자는 입술과 주변이 화상을 입었거나 빨갛기도 하고, 몸에 화상이나 얼룩이 있거나, 몸이나 옷, 주변에서 냄새가 나기도 한다. 입이나 코 주변을 살펴 페인트, 가루, 액상 물질이 묻어 있는지 확인한다. 숨을 쉬었을 때 휘발유 같은 강한 화학 약품 냄새가 날 수도 있다. 주변에 빈 약통이나 떨어진 알약들, 빈 화학 물질 통, 페인트 통, 가정용품 병 등이 있는지 확인한다.

환자는 메스꺼움 증세를 보이거나 구토를 할 수도 있으며, 졸려하거나 의식이 없을 수도 있고 호흡 곤란이나 심하게는 호흡 정지가 올 수도 있다. 불안해하거나 안절부절못하고 때로 자제력을 잃고 폭력성을 띠거나 경련을 일으키기도 한다. 진단 받기 전이라도 증세를 보고 중독인지를 추측할 수 있으므로 환자를 치료하거나 응급 처치를 하도록 한다(111번 항목 참조).

징후나 증상이 없는 사람이라면 119로 전화하여 도움을 청한다. 환자의 나이, 대략적인 몸무게, 수집한 유독 물질에 대한 정보를 전달하고, 섭취량이나 증상이 발현되고 지속된 시간 등을 알 수 있으면 알려 주자. 빈 통에 적힌 정보를 알려 주는 것도 좋다.

111 중독 환자 돕기

중독 증상에는 두루 적용되는 해결법이 없기 때문에 중독 환자를 돕기는 까다롭다. 그러나 어떤 경우든 복용한 독소의 종류를 알아내고 도움을 청하는 것이 필수이다.

1단계 119에 전화하고 도움을 청한다.

2단계 연기가 나거나 화학 물질 냄새가 난다면 즉시 환자를 공기가 맑은 곳으로 옮긴다.

3단계 오염을 막기 위해 장갑을 착용한다. 환자의 입안에 독극물이 조금이라도 남았는지 확인한다. 발견한 물질이 있으면 즉시 제거하고, 옷에 묻어 있으면 벗겨 낸다.

4단계 환자가 숨을 쉬지 않는 경우 CPR 마스크가 있다면 씌우고, 즉시 인공호흡을 시행한다.

5단계 독극물이 피부에 묻거나 눈에 들어갔다면 흐르는 미온수로 20분간 또는 구조대가 올 때까지 씻어 낸다.

6단계 독극물이 생활용품이라면 라벨을 보고 유의 사항을 확인한 후 119에 전화를 한다. 구토를 유도하지 말고, 안내 없이는 위 세척제를 투여하지 않는다.

7단계 응급실로 이동시킨 후 담당 의사에게 가져온 빈 약통이나 삼킨 물질을 전달한다. 정보 전달은 의사가 빠르게 대처할 수 있도록 도와주는 중요한 사항이다.

112

진통에 대한 공포

현대 서구 사회에서는 분만을 의학 적 치료가 필요한 일종의 응급 상황 으로 여기지만, 대개의 경우 이건 잘못된 생각이다. 수천 년에 걸쳐 출산은 현대 의학의 도움 없이 이루 어졌고, 합병증이나 특정 문제가 없 는 한 어디서든 분만은 안전하게 이 루어질 수 있다. 엄마가 될 준비가 되어 있고 건강한 상태이며 특별한 합병증에 대한 위험이 없고 안전한 장소에서라면 자연스러운 분만 과 정을 믿고 새 생명의 탄생을 돕도록 한다.

113 진통 시 산모 돕기

진통은 분만의 가장 첫 번째 과정이다. 산모를 도울 수 있는 방법들을 살펴본다.

1단계 산모를 병원으로 직접 옮길 것인지, 구급차를 부를 것인 지, 분만을 도울 것인지를 결정한다. 진통이 막 시작되었다면, 산모가 원할 경우 직접 병원으로 데려다 주어도 괜찮다. 산모 가 구급차를 요청한다면, 바로 부른다. 진통이 상당히 진행되 었다면, 결정은 당신이 해야 할 수도 있다. 그리고 분만 준비 를 한다.

2단계 첫 진통과 그 다음 진통의 간격을 잰다. 5분이나 그 이 상이 걸린다면 병원으로 갈 시간은 충분하다. 2분 이내라면, 분만을 준비해야 한다. 배변의 느낌이 있다고 한다면, 긴박한 상황이라는 뜻이다.

3단계 감염으로부터 아기를 보호하기 위해 가장 먼저 해야 할 일은 손을 비누와 따뜻한 물로 팔꿈치까지 깨끗하게 씻는 것

이다. 비누나 물이 없다면 손 살균제나 알코올로 반드시 소독 하도록 한다. 가능하다면 의료용 장갑을 착용한다.

4단계 분만 장소를 준비한다. 소독된 시트나 수건을 모은다. 산모는 하반신을 탈의하게 하고 깨끗한 천이나 수건으로 덮어 준다. 베개나 푹신한 것으로 산모가 편안하게 누울 수 있도록 한다. 깨끗한 볼에 따뜻한 물을 채운 다음 가위 한 쌍과 파라 코드, 망울 주입기를 준비한다.

5단계 산모가 안심하도록 돕는다. 낮고 부드러운 목소리로 말 을 걸어 주면 도움이 될 것이다. 소리 내어 박자를 맞추며 호 흡을 돕거나 깊고 천천히 호흡하도록 함께 숨쉬기를 해 준다.

6단계 편안한 자세를 취하도록 한다. 수축으로 인한 진통이 와 걷거나 쭈그리고 앉고 싶어 할 수도 있으니 도와준다. 산모 만의 편안한 자세를 잡도록 해 주고 뒤로 눕고 쭈그리는 동작 들을 잘할 수 있도록 돕는다.

114 분만 과정 돕기

과거 출산 경험이 있는 산모라면 진통에서 분만까지 이르는 시간이 짧다. 하지만 초산이라면 보통 오래 걸린다.

1단계 막을 수 없는 압박을 느끼기 전까지는 힘을 주라고 부추기지 않아야 산모가 지치지 않는다. 곧 질의 입구가 부어오르고 아기의 머리가 보이기 시작할 것이다. 그러면 산모에게 진통이 없을 때 부드럽게 밀어내듯 힘을 주라고 말하며 깊고 느린 숨을 쉬어 통증을 줄일 수 있도록 돕는다.

2단계 아기의 머리가 보이면 한쪽 방향으로 돌게 놔두면서 받쳐 준다. 아기가 다칠 수 있으므로 절대 잡아당기지 않는다.

3단계 다음 힘을 줄 때 보통 어깨가 나오므로 아기의 머리와 목을 계속 받쳐 준다. 필요 시 다른 쪽 어깨가 나오도록 몸을 살짝 들어 줄 수도 있다.

4단계 나머지 몸은 금방 나온다. 두 손으로 태어난 아기를 받아 한 손은 머리와 목을 받쳐 준다. 막 태어난 아기는 미끄러우므로 깨끗한 수건으로 닦아 주고, 입안의 액체가 흘러나오도록 다리를 살짝 올려 머리를 아래쪽으로 한다.

5단계 아기가 호흡하도록 해 준다. 울지 않는다면 몸을 부드럽게 문질러 자극을 준다. 망울 주입기를 이용해 입과 코의 액체들을 빨아들인다. 아기가 파랗게 질리는 경우 유아 CPR을 시행한다(115번 항목 참조).

6단계 아기가 숨을 쉬면 엄마 가슴에 안겨 주어 서로의 피부를 맞대도록 한다. 깨끗한 수건이나 담요로 아기와 산모를 덮어 준다. 서로의 맨살을 맞대는 것은 호르몬 분비를 증가시켜 태반 분만에 도움이 된다. 산모가 아기에게 젖을 물리도록 하면 자궁 수축을 도와 출혈을 줄일 수 있다.

7단계 태반 분만(1시간 이상 소요될 수 있다)과 출혈 중단에 도움이 되는 복부 마사지를 해 준다. 절대 탯줄을 잡아당기지 않도록 한다. 태반 분만이 무사히 이루어지면 검사에 필요하므로 깨끗한 비닐 봉투에 담는다.

8단계 구급차가 오고 있다면 구조대가 탯줄을 자르도록 기다린다. 혹은 탯줄의 박동이 멈출 때까지 기다렸다가 파라코드를 이용해 아기로부터 3센티미터와 7.5센티미터 정도 떨어진 두 곳을 묶고, 그 사이를 소독한 가위로 자른다.

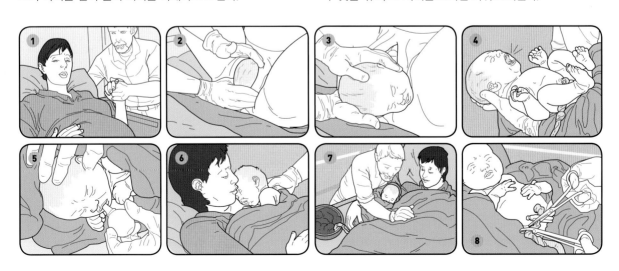

115 유아 심폐 소생술(CPR) 시행법

분만 후 아기가 울지 않거나 움직이지 않는다면 아기의 몸을 닦아 따뜻하게 해 주고, 복부나 팔다리를 부드럽게 문질러 자극을 주어야 한다. 아기의 기도가 점액이나 액체로 막혀 있지는 않은지도 확인한다. 갓 태어난 아기는 분당 30~60회 호흡을 해야 하고 맥박이 100에서 160 사이 정도로 뛰어야 한다. 자극을 주었는데도 반응이 없고 파랗게 변하거나 맥박이 뛰지 않는다면 유아 CPR을 시행해야 한다.

1단계 한 손으로 아기의 머리를 받쳐 들거나 평평하고 푹신한 바닥에 눕힌 다음 머리가 수평으로 유지되도록 한다. 목이 접히거나 뒤로 젖혀지지 않도록 한다.

2단계 분당 100회의 속도로 30회 흉부 압박을 시행한다. 두세 손가락 끝을 이용하여 아기의 가슴 중앙에 4센티미터 정도의 깊이로 압박을 준다.

3단계 머리를 젖히고 턱을 들어 기도를 열어 주되 머리를 과하게 젖히지 않도록 주의한다. 아기의 입과 코를 당신의 입으로 막고 작은 숨을 두 번 불어 넣어 인공호흡을 한다.

4단계 2분 후에 팔의 상부 안쪽에 위치한 상완동맥의 맥박을 확인한다. 이때 잠시 멈추고 구급차를 부른다.

5단계 흉부 압박과 인공호흡을 30:2의 비율로 반복한다.

6단계 2분 후에 상완동맥의 맥박을 다시 확인한다. 5단계와 6단계를 구조대가 올 때까지, 또는 확실히 아기의 호흡이 돌아올 때까지, 할 수 있는 한 반복하여 시행한다. 불안전한 상태라면 멈추지 않고 시행한다.

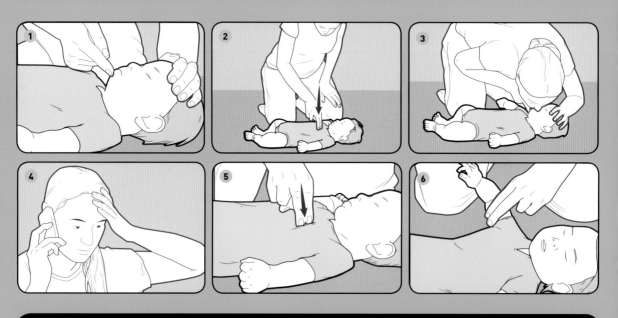

116 도움을 요청한다

어떤 이유로든 분만을 도와야 할 경우라면, 도와줄 다른 사람이 있는 것이 좋다. 가장 필요한 순간은 CPR을 시행해야 할 경우이다. 아기를 눕혀 두고 한 사람은 아기의 머리를 보호하면서 인공호흡을, 다른 사람은 아기 몸통을 두 손으로 감싼 채 두 엄지손가락을 이용해 흉부 압박을 시행한다. 두 사람이 CPR을 시행할 경우 적절한 흉부 압박과 인공호흡의 비율은 15:2이다. 가장 효과적인 CPR은 가능한 한 오랫동안 반복 실행하는 것이므로, 2분 후 맥박을 확인하고 나면 역할을 바꾼다.

117 도움이 되는 부모가 된다

아픈 아이나 질병 외에도 의학적 도움을 필요로 하는 아이를 둔 부모라면, 전문 의료인이 아니더라도 진료가 더 쉽게 이루어지도록 도울 수 있다.

아기 안고 있기 아이를 안고 무릎 위에 앉힌다. 낯선 사람을 마주한 상황에서 편안함을 느낄 수 있을 것이다.

안심시키기 아이가 안심하도록 해 주고 차분한 말투로 괜찮다고 반복해서 말해 준다.

차분함 유지하기 부모 스스로 차분한 상태를 유지하면 아이도 진정된다.

편들어 주기 아이를 적절하게 치료해 주지 않는 사람을 대하면 아이의 요구를 들어주고 편을 들어 준다.

정보 전달하기 아이에 대한 의료 기록이나 정보를 잘 전달할 수 있도록 준비한다.

118 아픈 아이를 대하는 자세

아픈 아이는 부모를 불안하게 하거나 때로 의사를 당황하게 만들기도 한다. 아이들은 질문에 잘 대답한다거나 어떤 불편함이 있는지 정확하게 설명하지 못하므로 부모와 의료인이 원인과 증상을 파악하기 힘들다. 아이를 도우려면 아이의 눈높이에서 도와야 한다.

아이의 옆에 앉거나 앞에 쭈그리고 앉아 시선을 마주친다. 조용하고 차분하되 단호한 목소리로 말하면 아이가 치료 시 소통에 쉽게 응할 수 있는 분위기를 만들어 준다.

아이의 말에 공감해 주고 이해해 주도록 한다. 어떤 일이 일어날 것인지 단계마다 설명해 주면 아이가 놀라지 않을 것이다. 아이가 설명을 잘 이해한다고 여겨라. 치료 전에 장난감이나 인형 등으로 먼저 치료 과정을 역할 놀이처럼 해 보면서 아이의 마음을 열어 두는 것도 좋다.

가능한 한 아이가 편안하게 느낄 수 있는 공간을 찾는다. 너무 소란스럽거나, 어둡거나, 추운 곳이라면 조금 더 조용하고, 밝고, 따뜻한 곳으로 이동한다. 주변의 낯선 냄새나 동물, 너무 많은 사람들 역시 고려해야 할 대상이다. 가능한 한 아이에게 스트레스를 주는 요소들이 없도록 한다.

가장 흔한 재난

준비가 되어 있다면 사소한 문제들이나 가벼운 응급 상황을 훨씬 쉽게 해결하고 잘 이겨 낼 수 있다

주말 여행으로 친구들과 함께 시에라네바다 산을 운전하고 있었다. 모퉁이를 돈 순간 눈앞으로 어마어마한 교통 체증이 펼쳐졌다. 우리는 멈춘 채로 앞을 가로막은 수많은 차들을 보고만 있어야 했고, 꽉 막힌 길과 추운 날씨 때문에 다른 방향을 고려할 수도 없었다. 다른 고속도로나 길로 빠지는 안내판도 없고, 라디오를 통해 교통 정보를 얻을 수도 없었으며, FM 라디오는 작동조차 되지 않았다. 다행히도 차에는 송수신 겸용 라디오가 장착되어 있어 햄(HAM) 라디오 교환원과 통화가 가능했다. 또한 고속도로 순찰대가 얼마나 자주 지나가는지를 보고 앞의 상황을 예측했다. 여러 정보를 종합해 대안이 될 수 있는 길을 찾아내고, 옆길로 벗어나 그 자리에서 벗어났다. 다른 차들은 그 자리에서 12시간 이상을 꼼짝없이 있어야 했다.

우리가 주로 마주치는 응급 상황들은 그리 큰 재난은 아닐 것이다. 하지만 그렇다고 해서 사소한 응급 상황들이 모두 심각하지 않은 것도 아니다. 이 장에서는 집과 가족, 반려동물, 또 다른 일상 속의 다양한 응급 상황들에 대처할 방법들과 전략들을 알려 주고자 한다. 승강기에 갇히거나 소매치기범을 저지하거나, 사나운 개를 만났을 경우나, 자동차 사고를 당했을 때 등의 여러 경우에 대해 미리 알고 준비할 수 있도록 한다. 가족들의 안전을 보장하고 싶은가? 응급 계획 세우는 법을 배우고, 침입자에 맞서고, 가정 화재를 막는 법을 배우자.

장비에 관심이 있는가? 매일 들고 다니는 장비 키트(EDC)나 통신 장비의 종류에 대해서도 알아 두면 좋다. 아이가 걱정된다면 미아 관련 정보를 읽고, 가정을 아이들에게 안전한 장소로 만들어 주고, 재난 시 아이들이 할 수 있을 나이 맞춤형 준비를 해 주도록 한다.

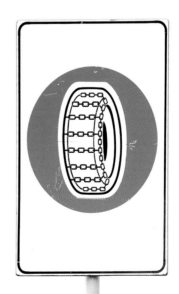

119 비상 가방 챙기기

비상 가방은 응급 상황 시 집을 벗어나 대피소, 음식, 물이 보장되지 않은 곳으로 가야 할 때 필요한 물건들로 채워진 가방이다. 생존을 위한 보험 증권이라고 생각하면 된다. 보편적으로 합의된 장비 세트가 있는 건 아니지만, 몇 가지 중요한 핵심 장비들을 비상 가방에 넣어 두면 다양한 상황에 쓸 수 있을 것이다.

가장 좋은 방법은 필요 시 쉽게 가지고 갈 수 있도록 배낭에 싸 두는 것이다. 적어도 아래 물건들은 준비하되, 각 물건은 지퍼가 있는 비닐 팩에 넣어 젖지 않도록 한다.

- 작은 텐트나 침낭(짐을 최소화하고 싶다면 방수포나 비닐 시트)
- 물과 정수 장비
- 단백질 에너지 바, 땅콩버터, 견과류 믹스 바 등 고칼로리의 비상 휴대 식량
- 응급 의료 도구, 살균제, 위생 도구
- 불을 피울 수 있는 도구들
- 물을 끓이거나 간단한 조리가 가능한 작은 냄비
- 칼, 덕트 테이프, 파라코드 등의 기본적인 장비
- 계절별 비상 옷
- 손전등과 여분의 배터리
- 현금과 비상 직불 카드
- 은행 정보, 보험 증서, 유언장 등의 중요한 서류와 가족 사진, 비디오 등의 개인 소장 자료를 저장한 USB

비상 가방은 안전한 곳에 두되, 이동 시 꺼내기 쉽게 보관한다. 작은 비상 가방을 여분으로 만들어 차량이나 사무실에도 둔다. 비상용 아이템의 일부는 주머니나 지갑, 가방 등에 들고 다니는 것도 좋은 방법이다.

가정용 비상 가방

- 비상 휴대 식량(군용 간이 식량, 에너지 바 등) • 병에 든 생수
- 텐트와 방수포 • 침낭 • 비닐 시트 • 사계절용 비상 옷
- 손전등과 여분 배터리 • 주머니칼 • 깡통 따개 • 두꺼운 줄
- 배터리로 작동되는 AM/FM 라디오 • 구급상자
- 위생 키트 • 상비약과 여분의 안경, 보청기 배터리 등
- 호루라기 • 여분의 신발과 양말 • 덕트 테이프 • 면도칼
- 정수 필터 • 정수용 정제 • 태양광 충전기 • 배터리 팩
- 쇠지렛대 • 수도, 전기, 가스 등의 차단 도구 • 낚시 도구
- 접이식 삽 • 반사 조끼 • 랜턴 • 작업용 장갑
- 불을 피울 수 있는 도구

차량용 비상 가방

- 비상 휴대 식량(군용 간이 식량, 에너지 바 등) • 병에 든 생수
- 텐트와 방수포 • 비닐 시트 • 사계절용 비상 옷 • 손전등과 여분 배터리 • 주머니칼 • 깡통 따개 • 두꺼운 줄 • 구급상자
- 호루라기 • 여분의 신발과 양말 • 덕트 테이프 • 면도칼 • 정수 필터 • 정수용 정제 • 낚시 도구 • 접이식 삽 • 스노우 체인과 모래주머니 • 점퍼 케이블, 조명탄, 견인용 끈 • 반사 조끼 • 랜턴
- 작업용 장갑 • 불을 피울 수 있는 도구

사무실용 비상 가방

- 비상 휴대 식량(군용 간이 식량, 에너지 바 등) • 병에 든 생수
- 비닐 시트 • 손전등과 여분 배터리 • 호루라기
- 여분의 신발과 양말 • 반사 조끼

휴대용 비상 가방

- 손전등과 여분 배터리 • 주머니칼 • 호루라기 • 배터리 팩
- 불을 피울 수 있는 도구나 작은 라이터

120 주머니 속 비상 도구

대중교통을 이용하여 통근 또는 통학하거나, 큰 비상 가방을 보관하기 힘든 환경에서 일한다면, 휴대용 또는 주머니용 비상 도구만을 지녀야 할 수도 있다. 소형의 비상 도구 키트는 주로 휴대하기 쉽고 이동시 들고 다니기 편한 것으로 준비한다. 주머니 속 비상 도구는 지니기에 간편하다는 것이 가장 큰 장점이자 목적이다. 주머니 속에 들어가지 않는다면, 포함시키기 힘든 것이라는 뜻이다. 늘 지갑이나 작은 가방, 배낭을 들고 다닌다면 몇 가지를 더 넣을 수 있을 것이다. 많이 넣어 불편함을 느끼지 않도록 하는 것이 중요하다.

121 EDC 구성하기

EDC(Everyday Carry)는 다양한 일상과 응급 상황 속에서 항상 지니고 다니는 도구, 장비, 용품들을 간단하게 모은 것을 말한다. 아래에 EDC로 준비하면 좋을 것들이 있다. 자신의 주머니나 지갑, 가방, 서류 가방, 배낭 등에 어떤 것이 필요한지 알아보고 맞춤형 EDC를 선택해 보자. 기억해야 할 것은, 많을수록 더 낫다(상식적인 선에서)는 것이다. 위기 상황에서 무엇이 필요할지 모르기 때문이다.

가정 재난

손전등 신호를 보내거나 개인 보호용 도구로 쓰인다. 밝은 빛을 내고 내구성이 좋으며 방어용으로도 쓸 수 있는 것이 좋다.

멀티툴 다양한 크기이고, 보통 칼이 포함되어 있어서 멀티툴이 있으면 굳이 따로 칼을 가지고 다닐 필요가 없다.

주머니칼 갖고 다니고 싶지 않더라도 조리나 응급 처치, 구조, 조각, 수리 등 주머니칼을 가지고 있어야 할 이유는 많다.

호루라기 도움을 청하는 용도로 쓰인다. 다른 사람에게 경고 메시지를 보내거나, 그룹의 구성원들과 소통할 수도 있다. 대부분 크기가 작고 열쇠고리에 달고 다닐 수도 있다.

배터리 팩 컴팩트 외장 배터리는 크기가 작다. 보통 립스틱과 비슷한 크기이거나 조금 더 길다. 핸드폰 완충이 가능할 만큼 충분한 전원을 공급한다. 충전 케이블을 함께 준비한다.

마커 펜 마커 펜은 유용하게 쓰인다. 유성 펜이므로 어디에도 쓸 수 있다. 열쇠고리에 달 수 있도록 클립이 달린 것으로 준비한다.

파라코드 위급 시 필요할 만한 최소한의 길이로 잘라 손목 밴드로 만들면 쉽게 지니고 다닐 수 있다. 열쇠고리나 신발 끈으로 사용하는 것도 좋은 방법이다.

스마트폰 언제나 들고 다니는 물건인 스마트폰은 응급 구조 전화, 앱 이용, 내비게이션, 클라우드에 저장된 중요한 서류나 개인 정보 보관 등 다용도로 쓰인다.

선글라스 날씨가 흐려도 선글라스 하나쯤은 지니고 다니자. 비상시 보안경이 될 수도 있고, 눈이 부시거나 너무 밝은 곳에서는 눈을 보호해 준다.

라이터 흡연자가 아니더라도, 불을 피우는 도구가 작동하지 않는 재난 상황이나 야생에서의 생존에서 라이터는 유용하다.

반다나 간단한 사각형의 천인 반다나는 지혈대, 팔걸이 붕대, 마스크 등의 용도로 다양하게 쓰인다.

보관용기 EDC 물건들은 작은 용기에 넣어 보관하면 정리도 잘 되고 보관도 편하다. 작게 접히는 가방이나 파우치도 하나 넣어 둔다. 평소에 장바구니로 쓰는 등 유용할 것이다.

열쇠 보관함 열쇠를 보관하는 작은 금속 박스는 비상용 현금이나 중요한 약 몇 알을 넣을 수 있는 좋은 보관 장소이다.

소형 손전등 아주 작은 손전등은 지니고 있던 손전등이 나갔을 경우나 작은 불빛만이 필요한 순간에 아주 유용하다. 소형 손전등은 보통 15시간 정도 지속된다.

122 집에서 피난하기

위급 상황이나 재난 발생 시에 집에 있었다면, 이미 한 단계 나아간 것이다. 직장이나 학교에 있거나, 여행 중이거나 출퇴근 중인 사람은 어떻게 안전하게 귀가할 것인지가 가장 큰 문제이기 때문이다. 이미 집에 있다면 안심하라. 상황에 따라 집은 피난처이자 요새가 되어 줄 것이다. 사무실이나 차량에 있을 때보다 훨씬 많은 물건들이 집에 있다. 물론 집을 안전한 장소로 만들어야 하고 적절한 대처를 해야 하지만 말이다. 위급 시나 재난 시 집에서 해야 할 중요한 사항들을 확인하자.

1단계 집의 상태를 점검한다. 피해를 입었는가? 피해 규모는 어느 정도인가? 내부에 머무는 것이 더 안전한가? 안전을 확보할 수 없다면 우선 밖으로 나가 마당에 캠프를 만드는 것도 좋은 방법이다.

2단계 피해를 입었고 누출이나 냄새가 느껴지면 모든 설비를 차단한다.

3단계 반려동물의 안전을 확보한다.

4단계 물이 나온다면, 받아 둔다. 욕조를 가득 채워 수도 공급이 끊기거나 물이 부족할 순간에 대비한다.

5단계 전기가 나갔다면, 비상 전원을 켜거나 태양 전지판이 있으면 이용한다. 전기가 들어오고 있다면 가지고 있는 모든 장비를 최대한 충전시킨다.

6단계 유선 전화나 인터넷이 작동하는지 확인한다.

7단계 라디오나 텔레비전을 켜 상황에 대해 파악한다. 인터넷 뉴스나 경보 방송 등을 통해 정보를 얻는다.

8단계 가족이나 동거인에게 연락을 취해 당신의 집과 함께 있는 사람의 상황에 대해 알려 준다.

123 시위 현장 피하기

학교는 시위, 집회, 때때로 폭동의 중심이 되기도 한다. 시위가 평화적인 정치적 활동이든 파괴적인 파업이든 성난 군중이든 상관없이, 안전을 확보하기 위해서는 다음의 지침을 따르는 것이 좋다.

1단계 내부에 머물되, 창문이나 입구와는 거리를 둔다.

2단계 선생님이나 교수님, 관리자에게 어떻게 해야 하는지 물어본다. 이미 교내 비상 대처 계획이 세워져 있을 것이다.

3단계 소셜 미디어를 통해 상황을 파악한다. 트위터나 뉴스 앱에서 알려 주는 빠른 소식을 접한다.

4단계 건물에서 안전하게 빠져나와 집으로 갈 수 있는 다양한 경로를 적어도 세 가지 이상 찾는다.

5단계 시위대나 폭동 군중들이 근처에 있거나 당신이 머물고 있는 건물이 시위의 중심이라면, 그 자리를 떠난다. 가능하면 그룹을 만들어 뭉친 다음 차분하게 건물을 빠져나간다. 최대한 건물에서 먼 곳으로 이동하는 것이 중요하다.

6단계 뛰지 말고 걷는다. 뛰는 사람은 주의를 끌어 경찰이 시위대나 주요 인물로 착각할 수도 있기 때문에 위험하다. 사람들과 그룹을 이루고 손을 잡거나 팔짱을 껴 분리되지 않도록 유의한다. 밀집된 군중 속에 있다면 옆길이나 안전한 건물로 완전히 이동할 때까지 함께 움직이도록 한다.

7단계 시위대가 움직이는 방향이나 현장 근처를 지나는 대중교통을 이용하지 않는다. 꼼짝없이 묶여 버릴 수 있다.

8단계 경찰 쪽으로 다가가지 않는다. 시위대와 경찰이 충돌하고 있는 경우 가까이 가면 뚫고 나갈 수도 없을뿐더러 부상을 입을 수도 있다.

124 교내 안전 확보하기

교내에서의 응급 상황 발생 시 가장 먼저 고려해야 할 사항은 바로 다양한 탈출 경로를 찾는 것이다. 집으로 안전하게 갈 수 있는 방법은 여러 가지가 있겠지만, 평소에 이용하던 경로는 아마 불가능할 것이다. 캠퍼스를 벗어나는 것이 안전하지 않은 상황이라면 내부에서 안전한 장소를 찾는 것 또한 중요하다. 관리자들이 도움을 줄 수 있겠지만, 그렇지 못할 경우를 대비하여 스스로 안전을 확보하는 방법을 알아 두어야 한다.

EDC 가방을 이용하되, 경찰이 있는 경우 위험 인물로 간주되지 않도록 손전등이나 칼을 사용하는 것에는 신중하자.

생명 안전 앱
소셜 미디어

소셜 미디어는 사고나 재난 시 친구나 가족과 소통할 수 있는 쉬운 방법 중 하나이다. 많은 사람들이 매일 소셜 미디어를 이용하고, 합리적인 휴대용 소통 장치로 통한다. 한 번의 포스팅을 하는 것이 당신의 안전에 대해 걱정할 모두에게 문자나 이메일을 보내는 것보다 빠르고 쉽다. 현재 사용자가 아니라면, 비상 시를 위해 가입해 두는 것이 좋을 것이다.

추천 앱
- 트위터
- 페이스북
- 인스타그램

125 직장 내 안전 지키기

일반적으로 직장들에는 비상시를 위한 매뉴얼이 있으므로, 가장 좋은 대비 방법 역시 그 매뉴얼을 미리 숙지하고 연습하는 것이다. 종종 매뉴얼이 없거나 그것이 잘 전달되지 않은 회사도 있다. 그럴 경우 사전에 숙지한 바가 있다면 즉흥적으로 계획을 세워 도움을 줄 수도 있고, 최소한 스스로의 안전을 지킬 수가 있다.

사무실 책상 등에 비상 도구를 보관해 두자. 그렇지 않으면 주머니나 가방 속 EDC 물건밖에 사용할 수 없다. 얼마만큼 준비되어 있는지에 따라 대응할 수 있는 부분들이 결정되니 가능한 한 많이 준비한다. 귀가를 위한 여러 경로를 계획하고, 더 위급한 상황이 오기 전에 빠져나온다.

126 승강기에서 탈출하기

승강기에 갇히는 것은 생각만 해도 끔찍한 일이다. 하지만 보통은 짧은 시간 내에 구출되며, 안전하게 나올 수 있다. 갑자기 승강기에 갇히게 되었을 경우, 직접 할 수 있는 것들을 알아보자.

1단계 전등이 나갔을 경우 핸드폰 빛이나 손전등을 이용해 시야를 확보한다.

2단계 모든 버튼을 다시 눌러 본다. 종종 버튼만으로도 재작동이 되는 경우가 있다.

3단계 응급 호출 버튼을 누르거나 비상 수화기를 통해 도움을 청한다. 건물 내의 다른 사람이 상황을 파악하고 재빠르게 기술자를 불러 수리할 수 있을 것이다.

4단계 핸드폰이 작동되는지 확인한다. 신호가 약하다면 전화 대신 문자를 이용한다. 문자가 더 정확히 상황을 전달할 수 있다.

5단계 갇힌 상태에 대해 아무도 모른다고 생각되면, 승강기 문을 발로 차거나 열쇠 등을 이용하여 날카로운 소리를 내어 갇혀 있음을 알린다.

6단계 구조원이 오든 안 오든 차분한 마음으로 상황을 인지한다. 함께 타고 있는 사람에 대해서도 파악하도록 한다. EDC 가방에 껌이나 사탕, 에너지 바가 있다면 섭취하여 장시간 대기해야 할 경우의 체력 방전에 대비한다.

7단계 문을 억지로 열거나 천장을 통해 탈출하려고 시도하지 않는다. 승강기 문은 자동 안전장치가 되어 있어 감전, 파손, 낙하의 위험이 있다. 전문가나 구조대가 오기 전까지는 차분하게 기다리는 것이 좋다.

127 통근 시의 대체 방안

자동차로 이동 중에 재난이 발생했다면, 가장 먼저 할 일은 연료를 가득 채우는 것이다. 재난 상황이 길어지면 연료 구하기가 힘들어지고, 공급이 아예 불가능할 수도 있다. 출근 중이었다면 집으로 다시 돌아올 것인지 직장으로 갈 것인지를 결정해야 한다. 물론 최선책은 집으로 돌아오는 것이다. 집에는 도구가 더 많고, 가족의 안전을 확인하고 싶을 것이기 때문이다. 너무 당황하지 말자. 라디오나 인터넷을 통해 집으로 돌아가는 길이 위험하다고 파악했다면, 직장 등 그 다음 안전한 장소로 향하면 된다. 출근길이 길거나 복잡하다면, 잠시 멈추어 평소의 경로를 다시 한 번 확인하고, 따로 살고 있는 가족의 집 등 위급 시 갈 만한 안전한 장소가 있는지 생각한다.

대중교통을 이용해 출근하는 사람은 차량용 비상 가방이 없을 테니, 당장 집으로 돌아갈 수 없을 경우 비상 가방이 있는 직장으로 가자.

128 여행 중에
마주친 재난

각자의 여행 스타일에 따라 달라지겠지만, 여행 시 보통은 작은 가방이나 주머니 속 EDC 물품 정도를 챙길 것이다. 무엇을 챙기든, 여행가는 곳에서 소지가 허용되는 것인지 꼭 확인하자. 해외여행 시 위급 상황이 발생하면 가까운 공항의 위치를 알아 두는 것이 가장 중요하다. 또한 영사관이나 대사관의 연락처를 미리 알아 두어

야 한다. 자연재해를 입었을 경우 안전하게 집으로 돌아가는 유일한 방법은 대사관을 통하는 것이다.

큰 규모의 참사가 아니라면, 가까운 공항을 통해 즉시 떠나는 것이 좋다. 빠른 귀국을 위해 아무리 비싼 비행기 표라도 끊을 수 있는 비상용 신용 카드를 준비해 두자.

129 여행 증명서
발급받기

장기간의 여행이나 위험 지역 방문 시엔 여행 증명서가 당황스러운 상황을 모면하게 해 줄 수 있다.

여권의 도난 혹은 분실 시 여권을 대신해 주는 여행 증명서 발급을 위해서는 여권 발급 신청서, 여권용 사진 2매, 신분증(여권 사본 가능)이 필요하다. 여권을 도난당했을 경우엔 여행 증명서 발급 전 경찰에 신고를 해야 한다. 여권과 비자를 찍은 사진을 클라우드 등의 저장 장치에 보관하여 컴퓨터나 스마트폰을 통해서 다시 다운 받을 수 있도록 한다. 가능하다면 경찰 신고 서류도 사진으로 찍어 핸드폰에 보관한다. 여행 증명서 발급을 위한 준비물들은 여권과 분리 보관하여 함께 잃어버리는 일이 없도록 한다.

131
피해자가 되지 않기

귀중품은 꺼내서 확인하지 않는다. 대신 손을 넣어 잘 있는지 확인한다. 지갑을 들고 다닐 경우 겨드랑이 아래에 끼고 팔에 힘을 주어 단단히 잡는다. 앞쪽을 향해 맬 수 있는 가방이 가장 좋다.

여행 중에는 칼로 그어도 견딜 만한 소재의 가방이 좋고, 끈이나 체인으로 가방 속이나 옷에 매어 두면 안전하다. 여권과 신용 카드, 고액의 현금 등은 가방 속 안주머니에 두거나 복대에 보관한다. 배낭이나 뒷주머니에는 중요한 물건을 넣고 다니지 않는다. 가방 지퍼는 작은 자물쇠나 카라비너 등으로 잠가 열기 힘들게 한다.

130
소매치기범 구분하기

해외여행 중이거나 대중교통으로 출퇴근한다면 소매치기의 위험에 노출되기 쉽다. 유명한 관광지나 박물관, 식당, 카페, 바, 공원, 해변은 고위험 지역이다. 해외 관광객들은 주로 중요한 소지품들이나 현금, 카메라 등을 소지하고 다니기 때문에 소매치기범의 표적이 되기 쉽다.

소매치기범을 구분하는 가장 쉬운 방법은 갑작스럽게 밀착하여 붙는 사람을 의식하는 것이다. 불편함을 느낄 정도로 가까이 다가오는 사람을 발견하면 경계하고 그 자리를 뜨도록 한다. 붙어 있는 시간이 길어질수록 그들에게 기회를 주는 것이다. 상황 인식과 본능을 믿고 피할 수 있을 만큼 피하는 것이 좋다. 일반적인 소매치기범의 수법은 다음과 같다.

- '갑작스럽게' 부딪히거나 거칠게 민다.
- 대중교통 이용 시에나 붐비는 인파 속에서 너무 가까이에 붙어 있거나 개찰구 통과 시에도 곁을 떠나지 않는다.
- 큰 지도를 펼치며 길을 물어본다. 지도로 아래 시야를 가린다.
- 시간을 물어보거나 담뱃불이 없다며 라이터를 빌려 달라고 한다.

- 음료 등을 쏟은 후 닦아 주겠다고 한다.
- 바로 앞에서 물건을 떨어뜨린다.
- 시끄러운 아이들이 갑자기 주위에 몰려 시선을 빼앗는다.
- 술에 취한 여성이 과한 친절을 베풀며 말을 건다.
- 데려다 주겠다며 과도한 친절을 베풀고 목적지를 묻는다.

132
유인용 지갑

소매치기의 피해를 줄이기 위해, 소액의 현금을 넣은 유인용 지갑을 가지고 다니는 것도 방법이다. 눈에 잘 띄게 들고 다니거나 보이는 주머니에 넣어 진짜로 중요한 지갑을 가져가지 않도록 눈속임을 하는 것이다. 다만 유인용임을 바로 알아차릴 정도로 가짜 돈이나 종이뭉치만을 넣어 두지는 않는다.

133 비상식량을 준비한다

전화를 할 수도, 걸어 나갈 수도 없는 곳에서 차 안에 고립되었다면, 구조대가 오기 전까지는 차량 자체가 구조선이다. 그리고 이때가 바로 차량용 비상 가방이 제 역할을 해 주는 순간이다. 생존을 위한 두 개의 중요한 열쇠는 바로 식량과 물이다. 하지만 차량은 극한 기온을 버티기 힘든 곳이고, 특히 비상 가방이 들어 있었을 트렁크는 온도 조절이 되지 않는다. 극한 기온은 음식의 유효 기한을 현저하게 줄인다.

상하지 않고 몇 년 동안 보관해도 괜찮은 음식이나 물을 차량에 준비해 두는 것이 좋다. 구조 식량이나 전투 식량은 맛도 괜찮고 오랜 기간 보존 가능하다. 혹독한 환경의 영향을 받지 않고, 유통 기한이 5년 이상이다. 다른 식량이나 물도 비상식량으로 보관하고 싶겠지만, 최소한의 구조 식량, 또는 전투 식량을 보관하여 며칠이라도 더 버틸 수 있도록 준비해 둔다.

134 적절한 식량 준비

보관이 용이한 식량을 구입할 때 고려해야 할 기본적인 사항들이 있다. 크기가 작아 부피를 많이 차지하지 않는 것, 그리고 유통 기한이 긴 것(5년 정도면 적당하다)이 필요하다. 또한 알루미늄 용기나 두꺼운 비닐로 밀폐되어 있어 포장이 견고하고 내구성이 있어야 한다. 비상식량은 먹기 편한 양으로 나뉘어 있어야 한다. 보통 한 팩당 3,600칼로리의 음식이 들어 있고, 개별 포장으로 각 200~400칼로리의 음식으로 나뉘어 있다. 물은 주로 한 팩에 125밀리리터 정도 들어 있다.

비상식량용으로 포장된 것들은 물 공급이 제한된 환경을 고려해 만들어졌다. 즉, 마실 물이 포함되어 있고 음식들은 조리 없이 바로 먹을 수 있는 상태의 것들이다.

135 단백질을 섭취한다

비상식량은 물 공급이 제한된 상황에 처했더라도 살아남게 해 주고, 고군분투하며 섭취할 음식을 찾아다닐 필요가 없게 해 준다. 고립된 차에서도 유용하지만, 가장 중요한 것은 빠져나오는 것임을 명심하자. 그러니 차량용 비상 가방이 있고, 그것을 챙겨서 도움을 요청하러 나갈 마음이 있다면, 가방에 육포나 통조림, 단백질 바를 좀 더 챙겨 두자. 물론 먹기 전에 다시 한 번 유통 기한과 음식의 상태가 괜찮은지 확인하도록 한다.

136 구조 신호를 보낸다

신호를 보낼 때 가장 중요한 것은 당신이 쉽게 갈 수 있는 가장 높고 넓은 곳을 택하는 것이다. 차량과 함께 고립되면 구조대가 잘 발견할 수 있도록 몸을 최대한 보이는 곳에 위치하여 신호를 보낸다. 구조 신호에는 다음과 같은 방법들이 있다.

불꽃 가장 쉽고 일반적인 구조 신호는 불을 이용하는 것이다. 미리 넓은 지대를 찾아 직접 불을 피워 연기를 내면 된다. 연기는 불로 만들 수 있는 가장 눈에 잘 띄는 신호이다. 활활 탈 수 있는 것으로 불을 피우고 마른 잎 등으로 덮는다. 죽은 나무나 가지가 있다면 구하여 횃불을 만들어도 좋다. 멀리서도 보이도록 불을 피워 연기를 낸다.

조명탄 펜 조명탄은 조종사용 서바이벌 베스트에 부착되어 있는 것으로, 작은 조명탄으로도 수십 미터까지 빛을 내뿜을 수 있다. 커다란 조명탄이나 조명탄 총은 성능이 더 좋고 구조대가 발견하기 쉽다. 하지만 반드시 위급 시에만 사용해야 하고, 건조한 지역에서는 조심해서 사용해야 하며, 부주의로 인해 풀이나 숲에 불이 옮겨 붙으면 더 위험한 상황에 놓일 수 있다.

거울 반사되는 물체는 가장 쉽게 이용할 수 있고 소지가 간편한 생존 도구이다. 항공기에 신호를 보낼 수 있도록 만들어진 구조용 거울이 있다면, 뒷면에 있는 사용법을 읽고 따라한다. 일반 거울이나 반사가 되는 물건을 이용한다면 우선 반사된

빛이 바닥을 향하도록 각도를 맞춘 다음, 서서히 들어 올려 빛을 쏘고자 하는 목표 지점으로 움직인다. 구조대가 알아보게 할 수 있는 가장 좋은 방법은 거울을 기울여 반짝이도록 이리저리 움직여 보는 것이다.

첨단 기술 라디오나 GPS는 비상시 생사를 가를 수 있는 중요한 도구이다. 구조 문자를 보내면서 GPS 신호를 이용하여 당신의 위치를 함께 보내는 방법도 고려하자. 비용이 많이 들지만 그만한 가치가 있을 것이다. 위성 전화나 송수신 겸용 라디오 역시 구조 요청을 할 수 있는 도구이다. 캠핑이나 야외 활동 시에도 유용하다.

137 재난 대책 계획을 위한 사전 준비

재난 대책 계획을 세우기에 앞서 무엇에 대비하여 작성하는지를 알아야 한다. 다음의 가이드라인은 응급 상황이나 재난에 대한 대비에 좋은 토대가 되어 줄 것이다.

1단계 주거지에서 발생 가능한 다양한 종류의 자연재해와 인재에 대해 알아 둔다. 예를 들어, 주거지가 고속도로나 철도, 항구, 공장, 산업 설비 근처에 있는가? 이 모든 요소들이 유해 물질로 인한 사고를 일으킬 수 있다. 일어날 수 있는 각 재난에 대해 알아 두고 준비를 해 두는 것이 좋다.

2단계 주거 지역의 공공 경보 시스템에 대해 알아 둔다. 주로 사이렌을 이용한다면, 각 위급 상황마다 어떤 소리를 내는지를 알아 둔다. 어떤 도시에서는 문자나 이메일, 스마트폰 앱을 통해 재난 경보를 받을 수도 있고, 어떤 도시는 유선 전화로 자동 음성 안내를 보내기도 한다.

3단계 반려동물이 있다면, 위급 상황 시 어떤 것들이 도움을 줄 수 있는지를 알아 둔다. 예를 들어, 반려동물 출입을 금지하는 대피소가 많기 때문에, 반려동물과 함께 하려면 다른 대안을 찾아야 한다.

4단계 아이가 있다면, 학교의 재난 방지 대책에 대해 미리 알아 둔다. 그러면 재난 시 학교의 상황을 예측할 수가 있다. 노약자나 장애인을 위한 대책도 알아 두면 좋다.

138 좀비 공격 대처법

몇 년 전 미국 정부가 실제로 좀비 재앙에 대비한다는 뉴스가 방송되었다. 전형적인 음모설로 느껴지거나 영화에서나 볼 법한 이야기로 들리겠지만 실제로 방송이 된 내용이었다.

사실은 미국의 유용한 재난 정보를 제공하는 질병 통제 센터가 좀비 이야기를 좋아하는 아이들로 하여금 위급 상황 관리나 준비에 대해 쉽게 이해할 수 있도록 웹사이트에 띄운 만화 때문에 생긴 해프닝이었다.

재난 대처 매뉴얼은 다양한 방법을 통해 가족 구성원들에게 알리고 익히도록 하는 것이 중요하기 때문에, 특히 자녀들에게 재난 대처 방법에 대해서 알려 줄 때는 눈높이에 맞추어 설명해 주어야 한다. 그래야 잘 이해하고 받아들일 수 있을 것이다.

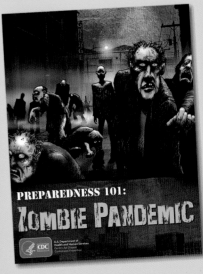

139 세부 계획을 세운다

사는 곳을 기준으로 일어날 가능성이 있는 다양한 재난에 대해 예상해 보고 가족 구성원들이 필요로 할 품목들을 알아 두었다면, 이제 세부적인 재난 대처 계획을 만들 준비가 되었다. 우선, 가족들과 함께 재난에 대비해야 하는 이유와 필요성에 대해 의논한다. 어린 아이가 있다면 눈높이에 맞게 재난의 위험과 위급 상황에 대해 설명한다. 가족들이 책임을 어떻게 나누는 것이 가장 좋을지 계획하고, 팀으로서 함께 실행한다.

계획은 간단명료하게 짠다. 큰 개요를 만들고, 허황되지 않고 실용적인 세부 계획을 세운다. 하지만 구체적인 계획이 너무 많으면 실제 상황에서 실행하기 힘들다.

각 재난 상황에 따라 무엇을 할 것인지 분석한다. 모두가 알아야 하고, 계획서에 접근이 용이해야 한다. 정리한 것은 가족 모두에게 이메일을 보내거나 어디서든 열어 볼 수 있도록 클라우드에 저장하는 것도 좋은 방법이다.

집에서 탈출하는 경로는 적어도 두 가지 이상 확보하고, 재난이 일어나 집을 벗어났을 경우 만날 장소를 미리 정한다. 다른 지역의 피난처도 정하고 가족들이 뿔뿔이 흩어졌을 경우 다시 모이는 방법에 대해서도 논의한다. 응급 연락 방법도 정한다. 연락이 불가능해졌을 경우 도움을 줄 수 있을 만한 다른 지역 거주 친지나 지인에게 '비상 연락망'이 되어 달라고 부탁한다. 비상시 각자의 위치와 안전 여부에 대해 알려 소식통이 되어 줄 수 있을 것이다. 비상 연락망이 될 사람의 이름, 주소, 이메일, 전화번호 등의 정보를 계획서에 기입해 둔다.

140 계획을 확인한다

모든 가정에서 취할 수 있는 몇 가지 보편적 조치를 비롯하여, 재난 대처 계획 과정에는 아래의 항목들이 포함된다.

● 직통 응급 전화번호 리스트(구급차, 소방서, 경찰서, 의료 기관 등)를 핸드폰 전화번호부에 입력한다.

● 가족들에게 전기, 가스, 수도 등을 차단하는 방법을 알려 주고 숙지하도록 한다.

● 사고가 일어날 가능성은 없는지 항상 집을 확인한다.

● 저장된 식료품의 목록을 작성한다. 비상식량과 물을 항시 준비해 둔다.

● 가정용 구조 상자나 가방을 만든다. 각 개인의 비상 가방도 꾸려 둔다.

● 집에 영향을 줄 수 있는 재난에 대비하여 안전 공간을 마련해 둔다.

● 중요한 서류는 모두 사본을 만들어 둔다. 복사본 한 세트는 화재에 안전

한 내화 금고에 두고, 또 한 세트는 은행의 대여 금고나 거리가 있는 곳에 사는 믿을 만한 친지에게 맡긴다. 파일을 모두 스캔하여 클라우드나 드라이브에 업로드 해 놓는 것도 좋다.

● 보험 증서를 확인하여 재난이나 사고, 질병의 어떤 부분이 포함되어 있고 빠져 있는지 확인한다. 거주지에서 일어날 가능성이 있는 재난 피해 보상은 포함시켜 둔다. 재난 시나 재난 후에 빠르게 보상을 받을 수 있도록 중요 정보와 회사명, 종류, 증서 번호, 일련 번호 등을 기록해 두거나 핸드폰에 저장해 둔다. 관련한 문서의 사본도 만들어 두면 좋다.

생명 안전 앱
어린이 안전

어린이를 위한 안전 정보가 무료로 제공되는 앱 중에는 스페인의 한 회사가 적십자와 협력하여 만든 'Cruz Roja' 앱이 있다. 앱 스토어에서 '적십자-무료'라는 이름으로 검색 가능하며, 어린이들의 사고 방지 및 응급 처치 교육을 목적으로 한다. 첫 화면에서 왼쪽 위의 아이콘을 누르면 언어(한국어)를 선택할 수 있다.

간단한 애니메이션의 화면을 직접 터치하면서 어린이들은 각 상황에서의 위험 요소를 파악하고 그로 인해 어떤 일이 발생하는지, 그리고 어떻게 대처해야 하는지를 배울 수 있다.

141 연락 정보를 공유한다

재난 후에 서로 연락을 주고받을 수 있는 방법을 가족 모두가 알고 있어야 한다. 스마트폰에 모든 정보를 업로드 했더라도, 핸드폰을 사용할 수 없을 경우를 대비하여 종이로도 준비하는 것이 좋다.

가족들의 연락 정보는 이름, 관계, 직장이나 학교의 주소와 전화번호, 핸드폰 번호, 이메일 주소, 이외의 연락 가능한 수단을 포함하여 작성한다.

출생일이나 혈액형, 알레르기, 질병 정보도 반드시 기록한다. 거주지와 먼 곳에 사는 친지나 지인의 연락 정보도 기록하는 것이 좋다.

비상 피난처와 모이는 장소에 대한 정보 역시 중요하다. 해마다 리스트를 확인하고 달라진 부분은 수정해 둔다. 추가적으로, 모든 가족원들이 ICE 앱을 설치하도록 한다(143번 항목 참조).

142 재난 시 연락법

지역 위급 상황이나 재난 시에는 통신 시스템이 빠르게 과부하되어 전화를 걸고 받기가 힘들어진다. 전화를 할 수 없다면 대신 문자를 통해 연락하면 된다. 문자는 위급 시 잘 전달될 가능성이 훨씬 높다.

다른 사람들과 쉽게 연락하고 자신의 위치를 빠르게 알리고 싶다면 트위터, 페이스북, 이외의 다른 소셜 미디어를 이용해 포스팅을 하도록 한다.

가장 중요한 것은 여러 방법 중 핸드폰 연락 두절 시 어떤 방법을 이용할 것인지 가족들과 사전에 합의해 두는 것이다.

143 ICE 앱을 설치한다

ICE는 'In case of Emergency(비상 연락망)'
의 약자로 2005년에 만들어졌고, 핸드폰 사
용이 보편화되면서 의사나 의료 구조대가 응급 환
자의 핸드폰을 통해 누구에게 연락해야 하는지 쉽
게 알 수 있도록 설치된 비상 연락망 앱이다.
요즘의 스마트폰은 주로 잠금장치가 되어 있어 위
급할 때 핸드폰 속 정보를 얻기가 힘들다. 하지만
ICE는 안드로이드나 iOS 기반의 모든 핸드폰에서
잠금장치 해제 없이도 볼 수 있다. 스마트폰 소지자
가 입력해 둔 본인 이름과 혈액형, 질병 정보와 비
상시 연락처가 잠금 해제되지 않은 화면에 뜬다.
다른 방법은 핸드폰의 뒷면에 ICE 정보를 스티커로
붙여 두거나, 인쇄한 연락망 리스트를 지갑, 가방,
사물함 등에 넣어 두는 것이다(144번 항목 참조).

144 ICE 카드를 소지한다

ICE 앱을 설치할 수 없다면 아래 항목을 명시한 ICE 카드를 작
성하여 지갑이나 사물함에 넣어 두거나, 사진을 찍거나 스캔

하여 필요한 곳에 업로드 해 둔다. 첫 구조 대원이 응급 시 연
락을 쉽게 취할 수 있도록 도와준다.

ICE 카드

차량 운전자

주운전자 (성명) : _____

보조운전자 (성명) : _____

ICE 연락망

주치의 : _____ 알레르기 : _____

질병 사항 : _____

이름 / 관계 : _____

전화번호 1 : _____ 전화번호 2 : _____

이름 / 관계 : _____

전화번호 1 : _____ 전화번호 2 : _____

이름 / 관계 : _____

전화번호 1 : _____ 전화번호 2 : _____

ICE 카드

이름

_____

ICE 연락망

주치의 : _____

알레르기 : _____

질병 사항 : _____

이름 / 관계 : _____

전화번호 1 : _____

전화번호 2 : _____

이름 / 관계 : _____

전화번호 1 : _____

전화번호 2 : _____

이름 / 관계 : _____

전화번호 1 : _____

전화번호 2 : _____

145 재난 피해를 최소화한다

아래 안내를 통해 가장 흔한 종류의 자연재해를 겪었을 때
피해를 최소화하고 위험성을 줄이는 다양한 방법들을 알아본다.

재난

- 일반 안전
- 지진
- 홍수
- 태풍
- 화재
- 한파

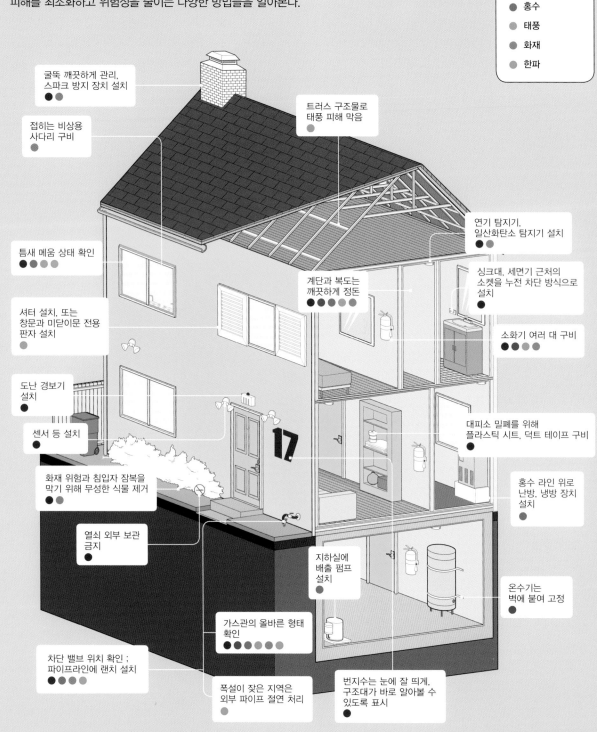

굴뚝 깨끗하게 관리,
스파크 방지 장치 설치

접히는 비상용
사다리 구비

트러스 구조물로
태풍 피해 막음

연기 탐지기,
일산화탄소 탐지기 설치

틈새 메움 상태 확인

계단과 복도는
깨끗하게 정돈

싱크대, 세면기 근처의
소켓을 누전 차단 방식으로
설치

셔터 설치, 또는
창문과 미닫이문 전용
판자 설치

소화기 여러 대 구비

도난 경보기
설치

대피소 밀폐를 위해
플라스틱 시트, 덕트 테이프 구비

센서 등 설치

홍수 라인 위로
난방, 냉방 장치
설치

화재 위험과 침입자 잠복을
막기 위해 무성한 식물 제거

열쇠 외부 보관
금지

지하실에
배출 펌프
설치

온수기는
벽에 붙여 고정

가스관의 올바른 형태
확인

차단 밸브 위치 확인 ;
파이프라인에 랜치 설치

폭설이 잦은 지역은
외부 파이프 절연 처리

번지수는 눈에 잘 띄게,
구조대가 바로 알아볼 수
있도록 표시

146 적절한 도구 보관법

캠핑 도구들은 지하실에, 비상 도구나 구조 장비들은 옷장에, 기본 장비들은 차고에 나눠 보관하는 것은 위급 상황 발생 시 불리하다. 여러 곳에 두지 말고 한곳에 모으자. 필요 시 쉽게 들고 갈 수 있고, 캠핑이나 DIY 작업 시에는 물론이고 위급 상황에도 당황하지 않고 빠르게 챙길 수 있다. 크고 견고한 저장 상자를 준비해 보관하고, 각 보관함에는 라벨을 붙여 알아보기 쉽게 정리한다. 사용한 물건은 반드시 제자리에 두어 필요 시 헤매지 않도록 한다. 빠르게 움직여야 할 경우, 필요한 가방이나 상자를 들고 나가기만 하면 되게 준비해 두자.

147 연료를 채운다

어떤 응급 상황이든, 차량에 연료가 가득해야 안심하고 출발할 수 있다. 습관적으로 연료를 확인하고, 반 이하로 줄어들면 채운다. 특히 태풍이나 극한의 날씨가 예상되면 전기가 나갈 수도 있으니 미리 준비하도록 한다. 전기 없이는 주유기가 작동하지 않기 때문에, 전기가 나갔다가 들어오면 모두가 주유소로 달려가 복잡해질 것이다.

보다 나은 안전을 위해서, 또는 일정 기간 동안 전력 공급이 중단될 것이 걱정된다면, 차량, 발전기, 전기 톱 등을 위한 추가 연료를 집에 구비해 두는 것도 방법이다. 집에 구비하기로 결정했다면 안전한 보관이 중요하다. 인화성이 높은 물질은 그 자체로도 위험하지만, 유독 가스 때문에도 위험하다. 정품의 연료를 밀폐 용기에 저장한 다음, 바닥이 평평하고 두 겹 이상의 강철로 된 안전 캐비닛에 보관하도록 한다.

148 72시간 생존 키트를 구비한다

심각한 재난이 일어나면 현지의 구급 물자는 부족해질 가능성이 크다. 지역 재난 물품 보급소나 적십자 등을 통한 보급품은 재난 지역에 도착하기까지 적어도 72시간 이상 소요될 것이다.
그러니 재난 대비 응급 키트를 준비하려면 최소 72시간의 생존을 보장할 만큼 준비하는 것이 좋다. 지진이나 태풍 등 재난이 자주 일어나는 지역에 거주하고 있다면, 한 주 이상을 버틸 수 있도록, 저장 가능한 만큼 준비한다.

149 음식을 적절히 보관한다

식량 전용 창고는 장기간 생존을 위한 충분한 식량의 보존이 가능하다. 조리가 필요 없는 음식, 물 등을 보관할 수 있는데 좋아하는 음식이나 유통 기한이 긴 식품 등도 보관한다.
모든 음식은 서늘하고 건조한 곳에 보관한다. 상자 포장된 음식을 밀폐 플라스틱이나 금속 용기에 보관하여 유통 기한을 늘리고 해충으로부터 보호한다. 보관함에 넣은 날짜를 기입한 라벨을 붙이면 보관 기간을 한눈에 알 수 있다. 최소 일년에 한 번은 보관된 음식을 점검하는데, 물의 점검 시점인 6개월마다 확인하는 것이 좋다. 부풀었거나, 움푹 들어갔거나, 녹이 슬었거나, 부식된 캔은 버리도록 한다.

150 비상식량을 준비한다

비상식량은 잘 상하지 않고 몇 년 동안 보존되는 것이어야 한다. 여기 일반적인 비상식량들을 소개한다.

종류	장점	단점	기타 사항
동결 건조식품	아주 긴 유통 기한	조리 시 물이 필요	일반적으로 가장 맛이 좋다는 평가
통조림	저렴함	부피가 크고 무거움	저온 다습한 환경에서 녹이 슬 위험이 있음
군용 간이 식량	편리한 포장	비쌈	맛이 없다는 평가
건조식품 (밀, 쌀, 곡류, 설탕, 강낭콩, 귀리, 파스타, 감자 플레이크, 탈지분유)	아주 긴 유통 기한	저장 시 준비 필요, 조리 시 다른 재료 필요	단기간의 재해 시 적절하지 않음
바 형태의 식품 / 육포류	간편한 휴대, 쉬운 섭취	유통 기한이 짧음	식사 대용으로는 부족함

151 물을 보관한다

수돗물 공급이 중단되거나, 공급되더라도 안전한 식수가 되지 못하는 경우가 생길 수 있으므로 비상용 식수를 준비해 두자. 물 저장과 보관에는 기본적인 세 가지 방법이 있는데, 각 방법마다 장단점이 있다. 가장 훌륭한 재난 대비 키트는 여러 방법을 적절히 섞어 준비한 것이다. 물은 어떤 용기에 담든 항상 서늘하고 어두운 곳에 보관하는 것이 좋다. 물과 함께 포트나 빗물 통 등 부차적인 물품도 함께 준비할 수 있다면 더욱 좋다.

물의 종류	장점	단점
비상용 배급 물	긴 유통 기한	비쌈
시판용 물	구하기 쉬움	짧은 유통 기한
식수로 가능한 물 (정수)	수돗물 사용	물통의 위생 확인과 소독 필요

152 카페인을 준비한다

재난 대비 물품 중 카페인은 필수적인 것으로, 물과 스토브가 있고 커피나 차를 준비할 시간이 있으면 쉽게 섭취할 수 있다. 그렇지 않을 경우엔 카페인이 함유된 껌이나 카페인제 등이 대체품이 되어 준다. 섭취를 위한 준비가 필요하지 않고, 크기가 작고 보관이 용이해 비상 가방 속에 넣기만 하면 된다. 껌은 허기를 어느 정도 억제해 주는 효과도 있어 음식을 아껴야 할 경우에도 유용하다.

153 비상식량을 테스트한다

준비한 비상식량들로 실제 72시간 동안 버틸 수 있는지를 알아보기 위해서는 직접 체험하는 것이 좋다. 곧 유통 기한이 끝나 교체가 필요한 저장품들을 활용해 긴 주말이나 휴가 기간을 이용하여 테스트하자. 얼마나 버틸 수 있는지를 제대로 테스트하기 위해서는 가족 모두가 저장된 비상식량 외의 음식을 섭취하거나 외식을 하면 안 된다는 것을 가족들에게 이해시키는 것이 중요하다. 테스트를 해야 하는 또 다른 이유는 바로 아이들 때문이다. 재난이나 위기 상황에서 아이들은 스트레스를 많이 받고 외상 장애를 겪을 수 있기 때문에 낯선 음식을 거부할 수 있다. 그러니 평상시에 미리 음식을 먹여 보도록 한다.

1단계 가족을 모두 모이게 한 다음 체험에 대해 의논하고 모두가 참여하도록 한다.

2단계 체험하고자 하는 날짜를 몇 개월 전부터 비밀리에 계획한다.

3단계 계획한 당일, "응급 상황이 발생했다."고 알리고, 그 순간 집에 있는 음식들로 72시간을 체험하도록 한다.

4단계 가족들이 비상식량들과 냉장고, 냉동고, 저장고의 음식만으로 얼마만큼 버티는지 지켜본다.

5단계 재난 대비 비상식량을 다시 구비하고 냉장고도 다시 채운다.

6단계 체험 완료를 기념하여 맛있는 식사를 한다.

154 음식과 물 저장

준비가 잘 되어 있더라도 즉흥적인 준비가 필요한 상황에 처하게 될 수 있다. 장기간의 재난 상황에서 물과 음식 공급을 늘릴 몇 가지 대비책을 제안한다.

사 전 준 비

물

- 재난 대비용 물(유통 기한 5년짜리)
- 7갤론(26.5 리터)의 식수용 물통(6개월마다 확인하고 미사용 시에도 위생 상태 관리)
- 재사용 가능한 물병을 구조 가방에 보관(6개월마다 확인하고 미사용 시에도 위생 상태 관리)
- 코코넛 물이나 이온 음료 구비(유통 기한마다 또는 해마다 교체)

음식

- 전투 식량 준비(유통 기한 3~5년짜리)
- 동결 건조식품(유통 기한 10~20년짜리)과 통조림(유통 기한 1~2년짜리)
- 에너지 바와 육포(유통 기한마다 또는 해마다 교체)
- 비상식량을 비상 가방에 보관(해마다 교체)

재난에 대비하여 음식과 물을 준비해 놓지 못했거나 보관한 장소에 접근하지 못하는 상황이라도, 즉석에서 해결할 수 있는 방안들이 있다.

즉 석 준 비

음식
- 냉장고나 저장고에 있는 음식들을 적절히 배분하여 섭취
- 접근 가능한 곳에 열려 있는 가게가 있다면 어떤 식량이든 구입
- 직접 키우던 과일이나 채소 이용

물
- 냉동고의 얼음을 녹여 음용
- 포트로 끓인 물
- 재난 발생 직후 채워 둔 욕조의 물 사용(수도 공급이 가능하다면)
- 빗물이나 눈을 받아서 사용(정수와 관련된 235번 항목 참조)

155 정전에 대비한다

정전은 여름이고 겨울이고 할 것 없이 일어난다. 여름에는 에어컨 등의 과도한 사용으로 인해 대규모 정전 사태인 '블랙아웃'이 일어나기도 하고, 겨울에는 폭설이나 폭풍우가 정전의 원인이 되기도 한다. 연중 수시로 발생하는 번개, 태양 폭발, 변전소 문제, 화재 등도 정전을 일으킬 수 있다. 원인이 무엇이든, 불가피한 정전의 상황에서 할 수 있는 일들이 있다.

우선, 정전과 동시에 사용하던 모든 전기 제품들의 전원을 차단하여 전력이 돌아올 때 전력망에 방해가 되지 않게 한다. 작은 전구나 라디오 하나 정도만 켜 두어 전력 복구 시기를 빠르게 알 수 있도록 한다. 전원이 꺼졌을 때에도 기기에 전원을 공급하고 낙뢰로부터 보호하는 무정전 전원 장치(UPS)를 이용하여 컴퓨터나 필수적인 전기 제품을 사용한다. 낙뢰의 충격을 방지해 주는 서지 보호기를 이용해 UPS와 연결되지 않은 전기 제품을 보호한다.

무선 전화를 사용하고 있다면 전기를 필요로 하지 않는 코드화된 모델을 선택한다. 정전 후에도 사용할 수 있어 응급 구조 연락이나 비상 연락 시 사용할 수 있다. 정전 시에는 ATM도 카드 결제기도 작동하지 않으니 적당한 액수의 현금을 금고에 둔다.

배터리는 충분히 구비해 두고, 정전에 취약한 지역에 거주하고 있다면 태양광이나 가스 발전기를 준비해 둔다. 절도의 우려가 있으니 어떤 발전기든 케이블 자물쇠나 체인으로 잠가 보관한다. 전력이 돌아올 때까지 불안해 하지 말고 가족들과 보드 게임이나 퍼즐, 카드, 만들기 등을 하면서 침착하게 기다리도록 한다.

156 이웃과 소통한다

동네 전체가 정전이 되었을 경우엔 익숙한 길도 두려움의 대상이 된다. 하지만 뭉치면 사는 법이다. 특히 평소 이웃에 대해 알아 가려고 노력했다면 더욱 그렇다. 새로운 곳에 이사를 왔거나 아직 이웃과 만나지 못했다면, 재난 시를 대비한다는 좋은 이유로 이웃에게 인사를 건넬 수 있다. 즉, 이웃과의 소통 방법을 만들어 위기 시 함께 대응하도록 준비하는 것이다.

전화번호 저장 이웃들의 전화번호 리스트를 만든다. 유선 전화번호와 핸드폰 번호를 모두 기입한다. 이메일 주소도 주고받으면 좋다.

무선 통신 이웃 중에 햄(HAM) 라디오 전문가가 있다면 동의를 구하고 어떤 주파수로 소통을 할 것인지 정한다. 대체할 만한 것으로는 비용이 적게 드는 FRS 같은 생활 무전기가 있다. 특별한 허가 없이도 작동할 수 있다.

확인과 점검 이웃 재난 대처 계획의 일부로, 서로 확인하고 안전 상태를 점검하는 기본적인 과정을 실습해 본다. 재난 시 이웃이 외출 중이거나 멀리 있다면, 이웃집의 안전도 확인해 주는 좋은 이웃이 되어 줄 수 있다.

순찰 정전 시 순찰 팀을 만들어 동네를 순찰하고 점검하며 정전을 노린 범죄를 막도록 한다.

157 정전 시의 바른 식사법

장기간의 정전 속에서 음식은 빠르게 상하므로 음식 섭취에도 계획이 필요하다. 무엇을 먼저 먹어야 하는지에 대한 우선순위를 정하도록 한다.

우선, 냉장고 속 음식들을 검토하여 잘 상하는 순서대로 먹는다. 냉장고는 열지 않은 상태로 4시간 정도 냉기를 유지하니, 가능한 한 닫은 채로 둔다.

그 다음, 냉동고의 음식을 먹는다. 가득 찬 냉동고는 열지 않은 상태로 48시간 정도, 반 정도 찬 냉동고는 24시간 정도 냉기가 유지된다. 정전이 하루 이상 지속될 것 같으면 아이스박스에 얼음을 넣고 냉동식품들을 보관한다.

통조림 식품, 건조식품, 잘 포장된 상온 보관 식품들은 가장 나중에 섭취한다.

158 해동 식품 관리

4℃ 이상의 온도에 2시간 이상 노출된 음식은 섭취하지 않는다. 특히 냄새가 나거나, 색이나 질감이 변한 것은 버린다. 맛이나 외관만으로 판단하여 섣불리 섭취하지 않는다.

−4℃ 이하의 냉동고에 보관되었고, 얼음 결정이 있는 음식은 다시 얼릴 수 있다. 충분히 차갑다고 생각되지 않는 음식은 음식용 온도계를 이용해 온도를 잰다. 의심스러운 음식은 되도록 폐기한다.

159 집의 보안에 신경 쓴다

"누구에게든 집은 가장 안전한 피난처이다." 이 17세기 영국의 법적 개념은 집에 들이고 싶지 않은 사람은 그게 누구든 못 들어오게 할 수 있다는 의미이다. 범죄를 예방하기 위해서는 법이 해 줄 수 없는 것이 필요하다.

경보 장치 달기 여러 가지 센서를 혼합하여 경보 장치를 설치한다. 움직임, 충격(창문이 깨질 것에 대한 대비), 연기, 열, 접촉 센서 등을 사용할 수 있다.

녹화하기 보안 카메라를 설치하여 녹화하고 클라우드 등의 저장 장치에 저장되도록 한다. 어떤 일이 일어나도 증거를 남길 수 있다. 집에 설치한 카메라가 녹화하는 것을 스마트폰 앱이나 웹 페이지를 통해서 확인하는 방법도 있어 원격으로도 집을 감시할 수 있다.

눈속임하기 가짜 경보 회사 스티커나 눈속임용 카메라(빨간 LED등이 켜지는)를 이용한다. 절도범들은 아주 짧은 순간에 결정을 하기 때문에 위험을 감수해야 하는 곳이면 지나치는 경우가 많다. 그러므로 오랫동안 속이지 않아도 된다.

불빛 이용하기 움직임이 감지되면 불이 켜지는 센서등이나 투광 조명등을 설치하여 어둠 속에 숨어들거나 몰래 다가오지 못하도록 한다.

집에 있는 척하기 시간을 설정하여 전등, 텔레비전, 라디오, 컴퓨터 등이 켜지도록 예약 가능한 기기를 이용한다. 기기가 켜져 있으면 보통 사람이 있다고 생각한다.

문단속하기 외출 시엔 모든 문과 창문을 잠그고 확인한다. 풀기 힘든 데드볼트 방식의 자물쇠 등으로 출입문을 잠그면 훨씬 안전해진다.

열쇠 관리하기 집 주변이나 외부에 열쇠를 숨겨 두지 않는다. 만약 그래야만 한다면 화분, 우편함 등 절도범이 확인할 만한 곳에는 절대 두지 말자. 비상용 열쇠를 믿을 만한 이웃에게 맡기는 것이 더 안전하다.

빗장 걸기 미닫이 유리문이나 창문에는 빗장걸이나 접합용으로 나무를 못같이 만든 장부촉을 이용하여 쉽게 열리지 않도록 한다. 더 단단히 잠그고 싶으면 강화제나 챌판을 추가로 설치한다.

160

보안을 강화한다

집의 보안을 더욱 강화하고 싶다면 추가로 고려할 수 있는 사항들이 있다. 어떤 것들은 시간과 돈이 더 필요하기도 하지만, 그럴 가치가 충분히 있다.

음성 지원 인터콤 스타일의 초인종에는 카메라, 스피커, 마이크가 내장되어 있다. 스마트폰으로 연결하면 외출 시에도 집에 있는 것처럼 음성으로 대답할 수 있다.

가시가 있는 식물 창문을 통한 침입을 막기 위해, 창 아래에 가시덤불이나 관목을 심는다. 마당에는 인조 잔디를 까는 것이 좋다. 장기간 관리를 하지 못해 잔디가 무성해지면 집을 비웠다는 뜻이기도 하므로 위험할 수 있다.

이중 잠금 차고가 집과 연결된 것이라면 외부에서도 출입할 수 있도록 데드볼트 자물쇠 등으로 잠금장치를 설치한다. 장기간 외출 시에는 내부에서 이중 잠금장치를 하거나 물리적으로 열기 불가능한 방안을 만들어 둔다.

숨기기 귀중품을 집에 보관하는 경향이 있다면, 벽에 금고를 설치하고 가리거나 다른 비밀 장소에 보관하는 등의 방법으로 숨긴다.

161

반려동물의 도움을 받는다

안전을 위해 개를 입양하는 것은 물론 옳지 않다. 하지만 가족의 일원으로 고려하여 입양한다면, 반려견이 훌륭한 조기 경보 시스템의 역할을 해 주고 침입을 막을 수도 있다는 것을 기억하자. 몸집이 작은 반려견도 낯선 상황에서는 크게 짖어 절도범이 침입을 포기하게 만든다. 큰 몸집을 가진 개들은 훨씬 위협적이어서, 개를 무서워하는 범인은 다가올 생각조차 못 한다.

사실, '개 조심'이라는 문구만으로도 위협적일 수 있으므로, 개를 키우지 않더라도 스티커를 문이나 창문 등에 붙여 놓을 수 있다. 어떤 경보기는 개가 짖는 소리를 내기도 한다. 여러 방법을 이용할 수 있지만, 가장 든든한 친구는 바로 네 발로 서서 크게 짖는 진짜 동물이다.

162 주거 침입에 대응하는 법

집에 있을 때 누군가가 침입한다면, 재빠르게 당신 자신과 가족을 보호하고 소중한 물건을 지키기 위해 어떤 결정이든 내려야 한다. 물건은 다시 살 수 있지만 가족은 그렇지 않다. 침입자가 있을 때 할 수 있는 선택은 숨거나 피하거나 도망치거나 싸우는 것

	1	**2**	**3**
숨기 숨기로 결정했다면, 다음의 단계에 따라 움직여 물품을 도난당하더라도 안전을 유지하도록 한다. 이 전략은 당신이 집에 있다는 것을 침입자가 아직 인지하지 못했을 경우에 유효하다.	방문에 잠금 기능이 있어야 한다. 침입자가 들어오기 전에 방문을 잠그고 안에 숨는다. 보다 안전한 밀실이 있다면 그곳에 숨는다.	침입자가 있다는 것을 아직 모르는 가족이 있다면 살금살금 다가가 조용히 알리고 방 안에 숨어 문을 잠글 수 있도록 한다. 빨리 밀실로 데리고 가도 좋다.	조용히 알리는 것이 불가능하다면, "문을 잠가!"라고 외치고 '피하기'로 전략을 바꾼다.
피하기 당신이 집에 있다는 것을 침입자가 알아챘을 경우, 대립을 피하는 전략으로 안전을 확보한다.	침입자와 같은 방에 있지 않다면, 문을 잠근다. 가능하면 밀실로 향한다. 가족에게 조용히 알릴 수 없다면 "문을 잠가!"라고 알려 가족들이 각 방에서 문을 잠글 수 있도록 한다.	경찰에 신고하고, 가능한 한 도착할 때까지 전화를 끊지 않는다.	침입자의 주의를 끌거나 겁을 주기 위해 원격 조종으로 자동차 시동을 켜거나, 비상벨을 울리거나, 보안 장치가 울리도록 한다. 창문 밖으로 소리를 질러 이웃이 들을 수 있게 하는 것도 방법이다.
도망치기 확실한 탈출구나 비상대피로가 있다면 도망치는 것이 가장 현명한 방법이다.	도망치려 했으나 어떤 이유에서든 하지 못하게 된다면, 즉시 '피하기' 또는 '싸우기' 전략으로 바꾼다.	가능하다면 지갑, 가방, 핸드폰, 그리고 자동차 열쇠를 가지고 나간다.	핸드폰이 있으면 경찰에 신고하고, 가지고 있지 않다면 이웃에게 달려가 신고를 부탁한다.
싸우기 자신과 가족을 보호하기 위해 싸우는 방법만이 남아있을 수도 있다. 정신적으로, 신체적으로 준비된 자세로 방어한다.	경찰에 신고하고 출동한다는 말을 듣고 난 후 전화기를 끊지 않은 채로 내려놓는다. 현재의 상황을 경찰이 들을 수 있도록 해야 한다.	침입자가 소지한 무기가 어떤 것인지 빠르게 파악하고, 너무 위험하고 알 수 없는 무기를 소지하고 있다면 '피하기' 또는 '도망치기' 전략으로 바꾼다.	처음 침입자와 대면했을 때, "경찰에 신고했고 지금 오고 있다."고 알린다. 침입자들은 이 말을 듣고 바로 도망칠 가능성이 높다.

이다. 각 옵션에 대해서 가족과 함께 계획을 세우고 토론해야 하며, 모두가 숙지하고 있어야 한다. 상황 변화에 따라 계획을 변경할 준비도 해야 한다.

4	5	6
경찰에 신고하고 도착할 때까지 전화를 끊지 않는다.	문과 반대쪽 구석에 자리하고, 침입자가 문을 부수고 들어올 때를 대비하여 '싸우기' 전략을 준비한다.	침입자가 완전히 도망가거나 체포되었는지 경찰이 확인해 줄 때까지 기다린다.
침입자와 대면하게 된다면, 그 방에서 '도망치기'를 준비한다.	침입자가 현금, 보석 등의 귀중품을 요구한다면 순응하고, 거리를 유지하며 언제든 위협하거나 다른 가족을 공격하려 할 때 '싸우기' 전략을 쓸 수 있도록 준비한다.	경찰이 올 때까지 대기한다.
안전하게 자동차를 타고 도망치지 못했다면, 즉시 이웃집으로 가서 문을 두드리고 도움이 필요하다고 소리친다. 바로 응답하지 않으면 다른 집으로 가서 도움을 청한다. 많은 이웃에게 알리는 것이 좋다.	아무도 응답하지 않아 이웃의 도움을 받지 못했다면, 안전한 공공장소에 도착할 때까지 도망친다. 핸드폰이 없는 경우 행인에게 도움을 청하여 경찰에 신고한다.	경찰과 동행하여 집이 안전한 상태인지 확인한 후 들어간다.
집에 아이가 있다면, 당신이 침입자에 대항하고 싸우는 동안 도망치라고 한다.	당신에게 무기가 있고 침입자는 그렇지 않은 상황이며 경찰이 오기 전까지 그들을 잘 붙잡아 둘 수 없다면, 해치기 전에 나가라고 알린다.	위협을 막기 위해서만 싸우도록 한다. 침입자를 제압하는 데 성공했다면, 경찰이 올 때까지 잘 붙잡아 두거나 그 기회를 이용하여 도망치도록 한다.

현명하게 대항한다

불가피하게 무기나 물리적인 힘을 사용하여 침입자에게 대항해야 하는 경우가 생길 수 있지만 이는 극히 드문 경우이다.

침입자를 위험한 인물이라고 생각하여 아무 잘못이 없는데도 해칠 경우, 정당방위에 해당되지 않는다. 또한 정당방위를 넘어서 과잉방위가 되기도 한다. 그저 사유지의 보호만을 위해 물리력을 사용한다면 체포될 수도 있으며, 경우에 따라 수감될 수도 있다. 법을 잘 확인하여 자기방어 시에도 어떤 결과가 적용될 수 있을지 알아 두도록 한다.

대치 상황을 피하는 것이 제일 먼저 할 일이고, 불가피한 경우라도 최대한 폭력적이지 않은 방법으로 해결하도록 한다.

164 연기 탐지기를 설치한다

집에 불이 났을 때, 조기 경보 시스템이 생사를 결정할 수도 있다. 최소한 연기 탐지기 정도는 주방과 화장실을 제외한 각 방에 설치하도록 한다.

날짜 기입 연기 탐지기를 설치하기 전에, 배터리 덮개 내부에 구입한 날짜를 기입한다. 10년이 지난 후에는 새 것으로 교체한다.

높은 곳에 설치 연기는 위로 올라가기 때문에 탐지기를 천장에 붙이는 것이 가장 이상적이다. 창문이나 문에서 먼 위치에, 벽에서 적어도 10센티미터는 떨어

진 곳에 설치한다. 열기나 증기가 잘 퍼지는 주방이나 화장실에는 설치하지 않는다. 때로 잘못된 경보음이 울릴 수 있으므로 주의해서 설치한다.

올바로 설치 모든 연기 탐지기에는 사용 설명서가 있다. 대부분이 쉽게 설명되어 있어 한두 개의 드라이버만 있으면 설치할 수 있을 것이다.

테스트 제대로 작동하는지 확인하기 위해 한 달에 한 번쯤 탐지기를 테스트하는 것이 좋다. 간단하게 버튼을 눌러 큰 경보음이 울리는지만 확인하면 된다. 아

무 소리도 나지 않는다면, 제품 자체가 불량일 수 있으므로 교체한다.

배터리 확인 1년에 한 번 정도 배터리를 교체한다. 귀에 거슬리는 끽끽 소리를 내기 시작하면 배터리 교환 시기가 된 것이다.

165 일산화탄소 탐지기를 설치한다

일산화탄소는 무색, 무맛, 무취의 물질로 화재 시 발생하는 연기와 다르며 탐지기나 감지 경보기를 통해서만 알아챌 수 있다. 일산화탄소와 연기를 모두 감지하는 복합 탐지기도 구입이 가능하다. 두 가지를 모두 감지할 수 있도록 설치해야 한다.

일산화탄소는 화석 연료의 불완전 연소로 인해 발생하는 물질이다. 집에서는 화기, 실내 난방기, 온수기 등이 일산화탄소 발생 원인이 된다. 모든 방에 일산화탄소 탐지기를 설치하는 것이 가장 좋다. 적어도 층마다 설치하는 것이 좋다. 단, 화장실과 벽장에는 설치하지 않는다. 일산화탄소 탐지기는 화기나 요리용 기기에 5미터 이내 위치하지 않도록 하고, 욕실 등 너무 습한 곳에도 설치하지 않는다.

날짜 기입 일산화탄소 탐지기를 설치하

기 전, 뒷면에 구입한 날짜를 기입한다. 5~6년 후에 새것으로 교체한다.

아래쪽에 설치 무릎 높이나 반려동물, 아이의 키보다 조금 높은 곳에 설치하되, 벽에서 떨어지지 않도록 단단하게 설치한다.

콘센트 연결 일산화탄소 탐지기는 보통 콘센트에 플러그를 꽂는 것만으로도 연결할 수 있어 쉽게 이용할 수 있다.

테스트 잘 작동하는지 한 달에 한 번은 확인한다. 1년에 한 번 또는 필요 시 배터리를 교체한다.

166 일산화탄소 중독을 예방한다

폭설로 인해 전력이 차단된 상태에서는 일산화탄소 중독이 올 수 있으므로 더욱 화기 사용에 주의를 기울여야 한다.

예방 실내에서 가스가 발생하는 물건을 사용하지 않는다. 프로판 가스 랜턴이나 스토브도 실내 사용 시 일산화탄소의 농도를 위험한 수준까지 올릴 수 있다. 실내 난방기 역시 굉장히 위험하다. 특히 취침 시에 사용하는 일은 절대 없도록 한다.

증상 확인 어지러움, 피로감, 두통, 또는 특이한 증상을 조심한다. 가족 중 한 명 이상이 이런 증상을 겪기 시작한다면 대처 방법을 찾아야 한다.

대피 누군가가 일산화탄소의 영향을 받아 증상이 나타나기 시작했다면, 당장 실외로 모두 대피시키고 창문과 문을 열어 환기를 시킨다. 가벼운 증상의 경우, 신선한 공기만으로도 응급 치료가 될 것이다.

심각한 경우에는 바로 병원으로 가야 한다.

문제 해결 일산화탄소 발생의 원인을 찾아 해결한다. 소방서에 전화를 하여 도움을 청하면 안전하게 해결하여 다시 집으로 들어갈 수 있다.

167 스티커에 의존하지 않는다

반려동물 구조 스티커를 붙여 두는 경우가 있다. 스티커에는 소방관이 집에 반려동물이 있음을 인지하여 화재 시 구조할 수 있도록 하는 안내 문구가 쓰여 있다. 하지만 반려동물이 죽거나 없을 경우에도 스티커를 떼지 않아 소방관이 잘못된 정보를 접하는 경우가 많다. 또한 소방관은 안전 확보와 인명 구조가 우선이다. 반려동물과 재산은 그 다음의 구조 대상이나, 인명 구조를 위해 집안을 수색하다가 반려동물을 구할 수 있는 기회는 얼마든지 있을 수 있다. 그러니 집 안에 몇 마리의 반려동물이 구조를 기다리고 있는지 구두로 명확히 전달하자.

168

소화기
사용법

소화기의 사용법에 대해 숙지한다. 소화기 외부에 붙어 있는 사용법을 읽어 보고, 간단히 외워 둔다. "당기고, 조준하고, 쥐고, 분사한다."

당긴다 소화기의 핸들과 레버에서 핀을 잡아당긴다.

조준한다 불꽃의 가운데가 아닌 맨 아래 부분에 노즐을 향하도록 조준한다.

쥔다 분사하기 전에 핸들과 레버를 동시에 꽉 쥔다.

분사한다 노즐을 좌우로 움직이며 분사하고, 불꽃이 줄어들기 시작하면 더 가까이 다가가 분사한다. 소화 물질을 완전히 소비할 때까지 분사한다. 소화기의 크기와 용량에 따라 달라지겠지만, 보통 10~20초 정도 분사되면 소화기의 사용은 끝이 난다.

169 화재의 종류와 대응법

화재의 종류에 따라 불을 끄는 방법도 다르다. 어떤 화재라도 안전하게 끄기 위해 화재의 종류와 정도에 따른 대응 방법을 알아 두고, 알맞은 소화기를 구비해 두자.

분류	화재 유형	안전 지침
A	일반적인 가연성 물질(나무, 종이, 천, 플라스틱)	물을 뿌리거나 산소를 없앤다. 거품 또는 이산화탄소 소화기를 이용한다.
B	가연성 액체나 기체(엔진 오일, 가솔린, 불이 붙는 용액)	물을 이용하면 불이 더 번진다. 거품 또는 이산화탄소 소화기를 이용하거나, 젖은 담요로 덮는다.
C	전기 기기(일반적으로 사용하는 전기 기기, 전원 콘센트)	전기가 전도되므로 물을 절대 이용하지 않는다. 이산화탄소 또는 분말 소화기를 사용한다.
D	가연성 금속(마그네슘, 리튬, 티타늄 등)	전용 분말 소화기를 사용한다. 금속에 따라 사용하는 종류가 다르다.
K	주방 화재(기름, 오일, 지방)	물을 이용하면 불이 더 번진다. 베이킹소다나 주방용 소화기를 이용한다.

170 대피 시점을 파악한다

소화기를 사용하기 전에 다음 질문들을 스스로에게 해 보자.
누군가가 소방서에 전화를 했는가? 화재가 번질 경우 갇히지 않도록 비상 대피로를 확보했는가? 현재 발생한 화재에 알맞은 소화기를 보유하고 있는가? 소화기로 해결할 수 있을 정도의 화재인가? 화재의 규모가 작고, 해결할 수 있을 정도인가?
이 중 하나라도 대답이 '아니다'라면, 즉시 대피한다. 안전이 최우선이다.

171 비상용 사다리

연립 주택 같은 다층 건물이나 화재 대피로가 없는 아파트에 살고 있다면, 계단과 현관문이 화재로 인해 막혀 버려 탈출이 힘들 가능성이 크다. 화재가 발생하면 당장 안전하게 대피하는 일이 가장 중요한 일이다. 소방관들이 도착하기 전에 연기로 인해 질식할 수 있으므로, 그저 소방관의 사다리를 기다리는 것은 정답이 아니다.

고맙게도 비상용 사다리는 쉽게 구입할 수 있다. 비상용 사다리는 작게 접혀 보관하기에도 용이하다. 사다리가 필요할 경우 빠르게 펼치고 창틀에 건 다음, 안전하게 사다리에 오르도록 한다. 방마다 사다리를 비치해 두는 것이 가장 좋다. 가족 중 특히 아이들에게 사용법을 가르쳐 두고, 연례 소방 훈련 시 연습을 시키도록 한다.

172 숨을 참는다

야외 화재, 집의 화재, 심지어 축제 시 피운 모닥불을 통해서도 해로운 수준의 연기에 노출될 수 있다. 뜨거운 연기는 기관지나 폐에 화상을 입힐 수 있고, 또 다른 유해한 가스를 함유하고 있을 수 있기 때문에 매우 위험하다.

연기를 흡입했을 때의 증상은 기침, 호흡 곤란, 쉰 목소리, 말하는 데에 어려움, 메스꺼움, 구토, 두통 등으로 이어질 수 있고 졸림, 방향 감각 상실, 혼란스러움을 느끼게도 한다. 이런 증상들을 복합적으로 겪는 사람을 발견하면, 즉시 신선한 공기를 마시도록 하고 응급 구조대에 도움을 청한다.

173 멈추고, 엎드리고, 구른다

옷에 불이 붙었는데 주변에 소화기나 물이 없을 경우에는 어떻게 할 것인가? 간단하면서도 효과가 있는 정답이 있다. 멈추고, 엎드리고, 구르는 것이다. 이 방법은 가족, 특히 아이들이 꼭 알고 있도록 하고, 소방 훈련 시 반드시 직접 연습해 보도록 한다. 설명만 할 것이 아니라, 시범을 보이고 연습하게 하는 것이 필요하다. 불이 붙은 다른 누군가를 발견했을 때에도 "멈추고, 엎드리고, 구르세요!"라고 외친다. 매우 당황한 상태일 것이므로, 여러 번 외쳐야 한다. 직접 불길을 잡아 줄 수도 있으나 그럴 경우에는 반드시 발아래 쪽에서 진압하여 불꽃이 얼굴로 튀지 않게 해야 한다.

멈추기 우선 화재의 원인으로부터 떨어져 멈춘 후 구를 수 있는 공간을 확보한다. 불필요한 움직임은 불꽃을 더 강하게 만들어 화상의 위험을 높일 수 있다.

엎드리기 바닥에 납작하게 엎드리고 눈과 코, 입을 다 막을 수 있도록 얼굴을 손으로 가린다.

구르기 불꽃이 사라질 때까지 앞뒤로 구른다. 타 버린 옷은 즉시 벗는다.

174 화재 현장을 탈출한다

화재가 발생하면, 빨리 효과적인 계획을 세우는 것이 가장 중요하다.

탈출 방향 찾기 연기로 가득한 공간에서 앞을 보기란 매우 힘든 일이므로, 직감에 의존하여 탈출 경로를 찾아야 한다. 방에는 하나 이상의 탈출로가 있을 것이므로, 어떤 쪽을 택할 것인지는 상황에 따라 결정한다. 안전을 위해 누군가가 지켜보도록 한 다음 눈을 가린 채로 탈출 방향 찾기를 연습해 둔다.

저자세로 이동하기 열기는 위로 상승한다. 연기와 불꽃도 마찬가지다. 화재 현장에서 벗어날 때엔 무릎을 꿇고 손으로 앞을 짚으며 기어가듯 안전한 탈출구까지 이동한다. 축축한 천으로 코와 입을 막아 연기 흡입을 막는다.

예측하기 문을 열기 전에, 손잡이보다 바닥을 통해 열기를 확인한다. 자칫 손잡이는 고열로 인해 위험할 수 있다. 문의 아래쪽 틈새를 통해 불꽃이 있는지도 확인한다. 조금이라도 의심스럽다면 다른 탈출로를 찾아야 한다.

계단 피하기 위층에 갇혔을 경우, 비상용 사다리를 이용해 창문으로 탈출하고, 계단으로는 이동하지 않는다. 계단은 화재 시 굴뚝과 같아서, 열과 연기가 계단을 통해 위로 올라온다.

영웅이 되려 하지 않기 불길과 맞서 싸우기 위해 실내에 머무를 필요는 전혀 없다. 불꽃이 일어났을 때 초기 진압에 실패했다면, 망설이지 말고 탈출하라. 밖으로 뛰쳐나가 119에 전화를 걸고, 소방관에게 진화를 맡기도록 한다.

175 불을 끄는 법

불은 열, 공기, 연료의 세 가지 조건이 충족되어야 타오른다. 이 중 하나라도 없앤다면 불을 끌 수 있다. 작은 불을 끄는 효과적인 방법 중 하나는 공기를 차단하는 것이다. 두꺼운 담요나 옷을 이용해 불을 덮고 꽉 누른다. 불 위로 가볍게 던지면 더 잘 타오르는 재료를 제공하는 것이나 다름없다. 스토브 위의 팬에 불이 붙었다면, 금속제 뚜껑을 덮으면 된다.

176 화재에 대한 대응

집 안에서나 집 근처에서 화재가 발생했다면, 그동안 준비해 온 여러 방법으로 화재를 진압하거나 탈출해야 한다. 집 화재에 대응하는 좋은 방법들을 추천한다.

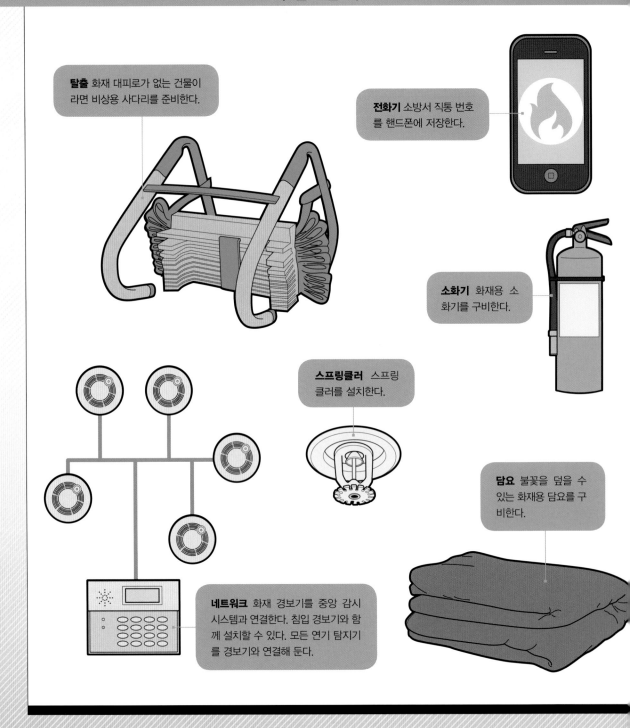

탈출 화재 대피로가 없는 건물이라면 비상용 사다리를 준비한다.

전화기 소방서 직통 번호를 핸드폰에 저장한다.

소화기 화재용 소화기를 구비한다.

스프링클러 스프링클러를 설치한다.

담요 불꽃을 덮을 수 있는 화재용 담요를 구비한다.

네트워크 화재 경보기를 중앙 감시 시스템과 연결한다. 침입 경보기와 함께 설치할 수 있다. 모든 연기 탐지기를 경보기와 연결해 둔다.

화재 대응 계획이 없거나 구할 수 있는 것들이 제한된 곳에서 화재가 일어났다면,
빠른 판단과 움직임으로 즉흥적으로 준비해 대응한다.

즉 석 준 비

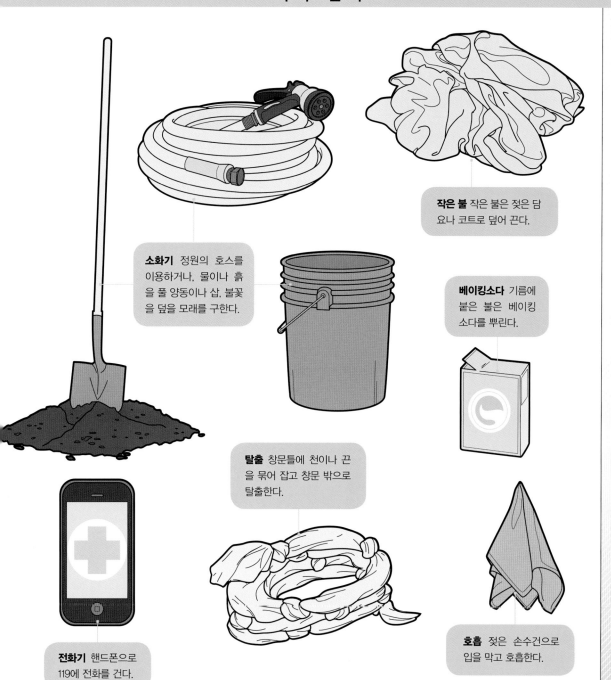

작은 불 작은 불은 젖은 담
요나 코트로 덮어 끈다.

소화기 정원의 호스를
이용하거나, 물이나 흙
을 풀 양동이나 삽, 불꽃
을 덮을 모래를 구한다.

베이킹소다 기름에
붙은 불은 베이킹
소다를 뿌린다.

탈출 창문틀에 천이나 끈
을 묶어 잡고 창문 밖으로
탈출한다.

전화기 핸드폰으로
119에 전화를 건다.

호흡 젖은 손수건으로
입을 막고 호흡한다.

177 침수된 지하실 해결법

지하실 침수에는 여러 가지 원인이 있다. 수도 파이프 파열, 폭우, 깨진 창문, 지반 손상, 공사 문제 등. 적은 양의 물로도 바닥이나 물건들이 손상될 수 있다. 많은 물이 들어오면 선반 위나 캐비닛에 넣어 둔 물건까지 침수된다. 지하실에 둔 전자 기기가 침수되면 더 이상 사용하기 힘들어진다.

침수된 지하실은 복구에 비용이 많이 들 뿐만 아니라, 매우 위험하기도 하다. 물이 고여 있는 곳은 언제나 전기 사고의 위험이 있다. 침수 공간에 들어가기 전에는 항상 전기 기술자를 통해 전기와 관련한 것들이 안전한지 확인하거나 소방관에게 전기 계량기를 잠가 달라고 요청한다(반드시 전문가가 실행해야 한다.).

지하실에 가스 기기가 있다면, 물이 완전히 마를 때까지 가스 공급을 차단한다.

안전하게 지하실에 들어갈 수 있게 되었을 때 가장 쉽게 물을 빼낼 수 있는 방법은 펌프를 대여하거나 전문가의 서비스를 받는 것이다. 물건이 손상되고 곰팡이가 발생할 위험이 있으므로, 적절한 제습과 공간의 복구가 이루어져야 한다. 이런 작업은 복잡하고 시간이 걸리며 비용 또한 만만치 않으므로, 경험이 없다면 전문가에게 맡기도록 한다.

손해를 최소화하기 위해서는 물건을 방수 용기에 넣어 높은 선반 위에 둔다. 배출 펌프를 설치하는 것도 방법이다. 특히 습한 지역에 거주한다면, 추운 날이나 습한 날 제습기를 돌린다. 누전 차단기를 설치하는 것도 방법이다. 연장 코드는 절대 지하실 바닥에 두지 않는다.

178 모래주머니로 담을 쌓는다

모래주머니는 완전하지는 않지만 훌륭한 방수 재료이다. 천천히 흐르는 물을 다른 곳으로 보내도록 길을 만들어 주어 집으로 물이 들어오는 것을 막을 수 있다. 모래주머니로 담을 쌓기 전에, 만약 담과 집 사이에 물이 고이면 어떻게 처리할 것인지 생각해야 한다(펌프가 있는가? 손으로 퍼낼 수 있는가?). 하수도가 막혔을 때는 모래주머니를 바닥 배수관 위에 쌓아 물이나 오물이 역류하지 않도록 한다. 모래주머니는 세 단 이상의 높이(30센티미터 정도)로 쌓지 않는 것이 좋다. 물이 그 위로 넘쳐흐르면 홍수의 위험이 더 심해지기 전에 대피하는 쪽이 낫다.

179 피라미드 만드는 법

모래주머니로 만든 피라미드는 더욱 튼튼한 둑이 되어 준다. 잘 쌓아 올리면 꽤 높이 쌓을 수 있다.

1단계 묶지 않은 모래주머니의 열린 부분을 물이 흘러오는 방향으로 향하게 둔다. 열린 부분을 조여 매고 모래주머니 아래에 끼우면 모래의 무게로 잘 고정된다.

2단계 이 방식으로 모래주머니의 첫 번째 줄을 완성한다.

3단계 두 번째 줄은 첫 번째 줄 옆에 쌓는다. 단을 지어 쌓아 두 번째 줄 모래주머니들의 가운데가 첫 번째 줄 모래주머니들 사이의 공간에 위치하게 한다.

4단계 두 줄 옆에 세 번째 줄을 같은 방식으로 놓는다.

5단계 첫 번째 줄과 두 번째 줄 사이로 두 번째 층을 쌓는다.

6단계 그 옆으로, 두 번째 줄과 세 번째 줄 사이에 다음 줄을 만든다.

7단계 쌓고자 했던 높이가 될 때까지 이 방식으로 계속해서 촘촘하게 쌓는다.

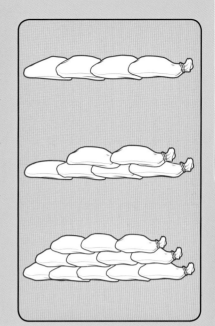

180 모래주머니 채우는 법

손으로 직접 모래주머니를 채우고, 옮기고, 배치하는 것은 힘든 일이다. 반복해서 무거운 모래주머니를 들어 올리고 옮겨야 하므로 네 명 정도가 함께 그룹을 이뤄 작업하는 것이 좋다. 하지만 경우에 따라 더 적은 인원으로도 가능하다. 그룹 구성원들은 삽질을 하고, 주머니에 담고, 옮기는 역할을 나눠 맡는다. 네 번째 구성원이 있다면 이 세 가지의 작업을 교대로 하거나, 옮기는 일을 돕거나, 다른 어떤 도움이든 줄 수 있다. 마대 자루나 비닐 자루를 이용해 모래주머니를 만드는데, 8개월에서 1년이 지나면 교체하는 것이 좋다. 반이나 3분의 2 정도 채워진 모래주머니는 묶지 않는다. 거의 다 채운 상태로 묶은 모래주머니는 구멍을 막거나, 물건을 고정시키는 등의 용도로 쓰인다. 모래주머니를 옮기거나 비축해 둘 때는 반드시 단단하게 묶인 상태여야 한다. 하지만 주로 배치할 장소나 그 근처에서 채우기 때문에 주머니를 묶는 것은 시간과 노력을 낭비하는 일이다.

1단계 작업용 장갑을 낀다. 특히 퍼 담는 역할을 하는 사람은 작업 과정에서 다칠 수 있으므로 반드시 장갑을 착용한다.

2단계 담는 사람은 다리를 벌리고 쭈그리고 앉아 팔을 벌리고 빈 주머니를 땅에 놓는다.

3단계 주머니의 입구 부분을 어느 정도 바깥 방향으로 접어 깃 모양으로 만든다. 그러면 주머니가 열린 상태로도 잘 잡을 수 있다.

4단계 삽질하는 사람이 모래를 퍼서 주머니에 담는다.

5단계 옮기는 사람이 배치할 장소로 주머니를 옮긴다.

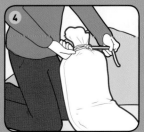

181 아이들을 준비시킨다

응급 상황에 대비하는 과정은 아이들을 겁먹게 할 수도 있다. 하지만 위급한 상황은 언제나, 어디서나 발생할 수 있으므로 가장 좋은 방어는 대비임을 명심해야 한다. 계획을 세우고 준비를 하면 문제가 쉽게 해결된다고 아이들을 안심시키면 도움이 될 것이다. 아이들의 연령에 따라 적절한 준비 방법을 소개한다.

초등학생

- 응급 키트를 만들기 위한 적절한 물품들을 모으게 한다.
- 지역 공동체 활동이나 음식 배달 역할에 자원하여 체험하게 한다.
- 학교, 집, 공원 등 위급 상황이 일어날 수 있는 각기 다른 장소들에 대해 의논하고 장소에 따라 달라지는 대응 방법을 알려 준다.
- 위급 상황에 어떻게 대처해야 하는지 글과 그림으로 표현해 보게 한다.
- 태풍이 오면 우리는 어떻게 해야 할지, 우리 집의 응급 키트는 어디에 있을지, 응급 키트 속에는 어떤 물건을 넣어 둘지 등과 같은 질문을 해 본다.
- 작은 재난용 비상 가방을 함께 꾸린다. 각자의 개인용 비상 가방도 만들어 준다. 좋아하는 장난감이나 인형 등도 심리적 안정을 위해 넣도록 한다.

중학생

- 응급 구조나 CPR 수업을 들어 보게 한다.
- 비상시의 수도, 가스, 전기 차단기 사용법을 알려 준다.
- 급 상황 대비에 대한 리포트 작성, 포스터 만들기, 짧은 동영상 제작 등을 직접 해 보게 한다.
- 소방서나 응급 서비스 센터 등을 견학한다.
- 햄 라디오 허가를 따기 위한 수업에 참가시킨다.
- EDC 가방을 함께 꾸린다.

고등학생

- 적십자 등의 프로그램에 자원하게 하거나 소방 훈련에 참가시킨다.
- 개인용 비상 가방을 만들게 한다.
- 블로그 등에 위급 시 대응에 대한 글을 쓰도록 돕거나 관련 숙제를 통해 많은 정보를 얻게 한다.
- 브레인스토밍을 통해 지역의 재난 관리와 응급 상황 시 도움을 주는 방법 등을 정리하도록 하고 실제로도 연습하게 한다.
- 약품을 사용하거나 끓이거나 혹은 다른 정수 기술을 통해 물을 정수하는 방법을 가르친다.

182 명확하게 설명한다

재난 시에는 누구든 자신의 아이를 보호하고 싶을 것이다. 재난 상황에 대해 아이 앞에서 의논하고 싶지 않다거나, 걱정하는 모습을 보여 주고 싶지 않을 것이다.

하지만 아무것도 알려 주지 않는 것 또한 아이들에게는 두려움이나 스트레스가 될 수 있다. 아이들의 말을 잘 들어 주고 느끼는 바에 대해 물어보며 상황에 대해 이해할 수 있도록 적절한 정보를 전달하자.

반복되는 언론의 보도는 아이들로 하여금 더 큰 걱정이나 두려움을 느끼게 할 수 있다. 보도나 미디어를 통한 정보는 함께 보면서 부가적인 설명을 해 주고 질문에 대답해 주도록 한다. 앞으로 어떻게 할 것인지에 대해 함께 의논하고, 의사결정 과정에 아이들도 함께 하도록 한다. 재난 대비 계획이나 소통 계획을 주기적으로 검토하고 변경한다.

전문 상담가나 친구, 가족들에게 도움을 청하여 당신 자신의 스트레스를 해결하면 아이들을 돕는 일이 한결 쉬울 것이다.

183 온라인을 이용한다

아이들은 지진이나 태풍 등의 재난이 매우 생소할 수 있고, 그것에 대한 대비 활동이 와닿지 않을 수도 있다. 따라서 미리 재난에 대한 다양한 경험을 하게 해 주는 것도 좋다. 이럴 경우 온라인을 이용해 보자. 동영상 등을 통해 아이들 눈높이에 맞게 재난에 대해 설명해 주고 대비하는 방법을 알려주는 콘텐츠들이 많이 있으므로 아이들에게 알맞은 방법이 되어 줄 것이다.

184 아이들의 안전 교육

부모가 곁에 없어 아이들을 관리하고 보호하지 못할 때가 있다. 그럴 때 아이들 스스로 안전을 지킬 수 있도록 몇 가지를 가르쳐 두면 좋다.

돌아다니지 않기 아이들은 미아가 되면 바로 겁을 먹고 본능적으로 부모나 가족을 찾기 시작한다. 길을 잃거나 미아가 되었다고 생각된다면 그 자리에 멈추어 서서 호루라기를 불거나 소지한 핸드폰으로 전화를 걸도록 가르쳐라. 한 자리에 가만히 있는 것이 훨씬 도움이 된다는 것을 반드시 알려 준다.

집에서 안전하게 지내기 아주 어린 아이들은 누군가가 벨을 눌렀을 때 문을 열어 줘도 괜찮은지 아닌지를 올바로 판단하는 것이 서툴다. 그 사람은 친근한 이웃일수도 있지만 나쁜 사람일 수도 있다. 누가 벨을 누르든 대답하지 말고, 문과 창문, 블라인드를 모두 닫아 놓도록 가르쳐라. 어린 자녀를 집에 두고 외출할 경우를 대비해 비디오 도어 벨을 설치하는 것이 좋다. 누군가가 초인종을 누르거나 앞을 서성이는 모습을 인터콤을 통해 핸드폰에서도 볼 수 있다.

도움 청하기 전화 걸기가 가능한 나이라면, 119에 도움 청하는 방법을 가르쳐 준다. 응급 전화 거는 방법을 차근차근 설명해 주고 주기적으로 연습시킨다. 전화를 걸고, 이름과 주소를 말하고, 발생한 문제가 무엇인지 말하라고 가르친다. 전화를 받은 사람이 시키는 대로 하라고 알려 주고, 구조대가 도착할 때까지 전화를 끊지 말라고 할 경우나 도착해서 문을 열어 달라고 할 경우 그렇게 하라고 한다. 밤에는 외부 전등도 모두 켜 놓게 한다.

직감을 믿도록 하기 발생 가능한 여러 위험한 상황으로부터 자녀를 보호하는 간단한 방법이 있다. 무엇이든 불편하고 두려운 상황이 생기면 믿을 만한 어른에게 도움을 청하거나 경찰, 선생님 등을 찾게 하는 것이다. 그리고 가능한 한 집으로 가라고 가르친다. 자녀가 핸드폰을 가지고 있다면 위급할 때 부모나 112에 전화를 하라고 한다. 도움을 청하는 것이 스스로 해결하는 것보다 훨씬 나은 방법이다. 직감을 믿고 도움을 청했는데 아무 일이 일어나지 않았더라도 다그치거나 혼내지 않는다. 나중에 후회하는 것보다 조심하는 것이 낫다.

185 가출의 징후

가출을 결심한 아이는 동기가 무엇이냐에 따라 각기 다른 징후를 보이는데, 다음의 경우 눈여겨보아야 한다.

과식, 식욕 부진, 하루 종일 자는 것, 불면증, 잦은 외출, 가족과의 접촉 회피, 또는 방에서 나오지 않는 등의 걱정스러운 행동 변화가 보인다면, 다양한 감정적, 정신적 건강 상태와 관련된 문제일 수 있다. 보통 십 대는 감정의 기복이 심하기도 하지만, 스트레스를 받았다는 신호일 수도 있다.

십 대의 반항은 일반적인 일이지만, 어떤 행동들은 가출의 징후이기도 하다. 성적 부진이나 무단결석, 가정에서 규칙을 어기는 행동, 집안일 돕기를 거부하거나 시비를 거는 행동 등을 보인다면 눈여겨보자. 더 정확한 징후는, 가출하겠다고 협박을 하거나 암시를 주는 말을 하는 것이다. 또 자녀의 친구나 선생님, 다른 부모로부터 자녀가 가출을 생각하고 있다는 얘기를 들을 수도 있다.

가출 시에는 돈이나 머무를 곳이 필요하므로 어떤 아이는 계좌에서 돈을 빼가거나 집 안의 현금이나 귀중품을 가지고 나가기도 한다. 당장이라도 떠날 수 있도록 미리 가방을 싸 놓았을 수도 있다.

186 가출하지 않도록 설득하는 법

집을 떠나겠다고 협박하는 자녀를 설득하는 데에는 몇 가지 전술이 필요하다. 아이를 붙잡을 수 있는 전략을 소개한다.

진정시키기 잠시 동안이라도 자녀가 진정할 수 있게 노력한다. "여기 잠시 앉아서 시간을 좀 가져 보는 것은 어떨까? 5분 후에 다시 올게." 등과 같이 말한다. 자기 방으로 돌려보내는 것은 좋지 않다. 문을 잠그고 자기 물건을 챙겨 나갈 준비를 할지도 모른다.

질문하기 상황에 대한 질문을 한다. 절대 자녀들의 감정에 대해 질문하지 않는다. 본질이 아닌 감정적인 부분에 대해 묻는다면, 다투고 싶어질 수도 있다. "무슨 일이 있니?"라든지 "무엇 때문에 집을 떠나고 싶은 거니?"와 같은 질문을 한다.

설득하기 아이들은 스스로 감당하기 힘들거나 압박감을 느끼는 문제가 생겼을 경우 가출을 결심하기도 한다. 자녀에게 "이 상황의 어떤 부분이 감당하기 힘드니?"와 같은 질문을 해 본다. 어떤 것이든 해결이 가능하고 괜찮을 것이라고 상기시킨다. 비난을 받는 것은 살아가며 겪는 흔한 일이며 비슷한 경험이 있다고 이야기해 준다. 잘 극복할 수 있을 것이라 믿는다고 설득하고, 실수나 잘못을 했다고 세상이 끝나지는 않는다고 알려 준다. 자녀를 탓하지 않는 것만으로도 집을 떠나지 않게 할 수 있다는 것을 명심하자.

솔직하기 당신이 많은 걱정을 하고 있고, 네가 집을 떠날까 봐 겁이 난다는 등의 마음을 솔직하고 차분하게 자녀에게 알린다. 문제에 대해 이야기를 나눌 수 있는 사람을 추천하거나 스트레스가 되는 원인을 긍정적으로 극복할 수 있는 방안에 대해 알려 준다. 진심으로 가출하지 않았으면 한다는 마음을 전하고, 가족 모두가 함께 극복하도록 노력하겠다고 약속한다.

187 가출한 자녀 찾기

최선을 다해 설득했음에도 불구하고 자녀가 집을 떠났다면, 찾는 데에 도움이 될 몇 가지 방법이 있다.

우선, 경찰서에 바로 알리고 실종 신고를 한다. 미성년자의 경우 대한민국에서는 실종 신고가 접수되면 긴급을 요하는 '코드1'로 분류된다.

자녀가 자주 가던 곳을 중심으로 머물 만한 장소에 대한 단서는 모두 찾아본다. 핸드폰 청구서, 이메일, 문자, 통장 입출금 내역 등 자녀가 방에 남긴 단서를 토대로 어디로 갔을지 예상해 본다.

이 시련의 과정과 이후의 일들을 다른 가족이나 신뢰할 만한 친구들, 도움이 되는 네트워크를 통해 함께 극복하는 것도 좋은 방법이다.

어떤 아이들은 근처의 친구나 친지의 집에 가기도 한다. 아이가 연락했을 법한 누구에게든 전화를 걸어 만나거나 연락을 취했는지 확인한다. 그리고 집으로 연락하기 싫어할 경우를 대비하여 아이에게 연락이 올 경우 대신 메시지 전달을 부탁한다.

근처에 머물고 있다고 예상된다면 포스터를 만들어 붙이거나 나누어 주도록 한다. 아이의 학교에도 반드시 연락을 취하고 선생님, 상담 전문가를 통해 정보를 교환하도록 한다.

188 길 잃은 미아 돕기

길을 잃거나 부모를 잃은 아이를 만나게 되면, 부모를 찾는 데에 여러 가지 적절한 도움을 줄 수 있다.

1단계 아이의 눈높이에 맞추어 쭈그려 앉거나 옆에 앉아 친근한 거리를 유지한다.

2단계 도움이 필요한지 물어본다. 어떤 것이든 지레짐작하지 않는다. 아이는 생각보다 괜찮을 수 있으니, 도움이 필요한지 확인부터 한다.

3단계 도움이 필요하다고 하면, 당신이 도움을 줄 것이라고 안심시키고 곁에 머무르겠다고 한다.

4단계 부모님에 대해 말하는 것은 어떤 정보든 모은다. 이름, 입고 있던 옷, 생김새 등을 파악한다. 부모님의 전화번호를 아는지 물어본다.

5단계 경찰서나 경비실, 또는 도움이 될 수 있는 기관에 연락을 한다.

6단계 아이를 발견한 장소에서 함께 머무른다.

189 아이들에게 안전한 집을 만든다

아이들에게 일어나는 사고는 예고 없이 순식간에 발생한다. 사고는 잠시 산만해진 틈을 타고 일어나 아이를 다치게 한다.
하지만 작은 사고는 조금만 노력하면 방지할 수 있다. 손을 바닥에 짚고 기어서 아이들의 시선으로 집을 훑어본다.
아이들을 위해 집을 안전한 곳으로 만드는 몇 가지 팁을 알려 주고자 한다.

집 안 곳곳

- 질식을 일으킬 위험이 있는 작은 물품들은 바닥이나 낮은 선반에 두지 않는다.
- 독성이 있는 식물이 집 주변에 있는지 확인한다.
- 방향제나 화분의 자갈이나 구슬은 손이 닿지 않는 높이에 둔다.
- 사용하지 않는 콘센트는 안전 캡으로 막는다.
- 바닥에 까는 러그는 움직이지 않도록 고정시키거나 미끄럼 방지 패드를 붙인다.
- 문에 손가락 끼임을 방지하는 가드를 설치한다.
- TV나 통신 장비, 책장, 가구 등은 벽에 단단히 고정시킨다. 지진이 자주 발생하는 지역에서는 특히 주의한다.
- 서랍마다 빠지지 않도록 멈추는 장치를 설치한다.
- 수도 근처의 모든 방이나 화장실, 주방에는 접지 사고를 막기 위해 누전 차단기를 설치한다.
- 가스를 사용하는 도구에는 밸브나 열쇠를 달아 잠근다.
- 창문의 블라인드 줄은 아이의 손에 닿지 않도록 묶어 둔다. 목을 조르는 위험한 도구가 될 수 있다.
- 계단의 위아래에 모두 안전문을 설치한다. 주방이나 위험한 방, 출입구에도 설치하는 것이 좋다.

화장실

- 화장품, 면도칼, 가위, 의약품, 영양제는 손이 닿지 않는 곳에 두고 열린 상태로 보관하지 않는다.
- 쓰레기통은 싱크대 안이나 아래에 숨겨 두거나 잠글 수 있는 캐비닛 안에 둔다. 안전 뚜껑이 있는 것을 사용해도 좋다.
- 모든 장이나 캐비닛에는 안전 자물쇠를 달아 둔다.
- 약이나 작은 물건들은 원래의 용기에 보관한다.
- 사용하지 않는 헤어 드라이기, 고데기, 전기 면도기의 전원은 항상 끄고 콘센트는 뽑는다.
- 욕조나 샤워실 바닥에는 미끄럼 방지 매트를 깐다.

주방

- 칼, 포크, 가위 등 날카로운 도구는 아이가 열지 못하게 잠금 장치가 있는 서랍에 보관한다.
- 알코올이 들어 있는 액체를 보관하는 병은 손이 닿지 않는 높은 곳에 둔다.
- 모든 찬장 문에 안전 자물쇠를 설치한다.
- 팬으로 조리 시 손잡이는 앞쪽을 향하지 않도록 한다. 아이가 잡아당겨 큰 사고를 당할 수 있다.

서재 / 작업실

- 가위나 사무용 도구는 아이의 손이 닿지 않는 곳에 보관한다.
- 거울은 작업대나 책상 위의 벽에 설치하고 컴퓨터 모니터를 방 내부로 향하게 두어 뒤에서 놀고 있는 아이를 확인할 수 있도록 한다.

위험한 도구, 독극물, 화학 물질 등을 사용할 때는 즉각적 통제가 가능해야 한다.

안전한 보관

- 성냥이나 라이터는 숨겨 둔다.
- 유해 물질이나 유독 물질은 원래의 병에 보관하고, 아이의 눈에 띄지 않고 손에 닿지 않는 곳에 보관한다.
- 화기는 잠금 상태로 보관한다.

실외

- 자그마한 공구 창고, 정원 창고는 반드시 잠가 아이의 접근을 막는다.
- 입구의 길이나 외부 계단에 불이 잘 켜지는지 항시 확인한다.
- 수영장이나 얕은 웅덩이, 연못에는 각각 울타리를 치고 안전 자물쇠를 채워 둔다.

190 반려견을 위한 온도 관리

반려동물(특히 반려견)을 키우는 사람들 중에는 차량의 창문을 조금 열어 두더라도 내부 온도가 급격히 올라간다는 사실을 모르는 사람들이 있다. 경우에 따라 차량 내부 온도는 100℃ 이상 올라갈 수 있다. 창문을 조금 내리는 것만으로는 별로 시원해지지 않는다.

반려견 열사병의 경우 과하게 숨을 헐떡이거나 침을 흘리고, 호흡 곤란이나 빠른 맥박, 방향 감각 상실, 쓰러지거나 의식 불명 등의 증상을 보인다. 간혹 발작이나 호흡 정지라는 위험한 증상을 보이기도 한다. 더운 날씨에 차 안에 있는 개를 밖에서 보면 괜찮은 건지 파악하기 어렵다. 걱정스러운 상황이라면, 도와줄 방법이 있다.

1단계 차량의 색, 모델명, 브랜드, 번호판, 주차 위치, 특징, 최초 발견 시각 등을 기록한다. 차량 내부에 있는 개의 상태, 특히 증상이 있는 경우 그것에 대한 정보도 기록한다. 구조 대원이 왔을 때 유용한 정보로 제공해 줄 수 있다.

2단계 개가 힘들어하거나 밖에서 볼 수 없게 된다면 경비원 등에게 도움을 요청하여 차량의 주인에게 방송 등을 통해 알리도록 한다.

3단계 주인에게 연락이 닿지 않고 상황이 악화된다면 119로 전화를 하여 구조를 요청한다.

191 반려동물에 대한 올바른 투약

사람이 복용하는 약이 반려동물에게도 안전할까? 대답은 "아마도,"이다. 다만 어떤 약들은 동물에게 치명적일 수 있다. 그렇기 때문에, 동물에게 투약할 때엔 항상 수의사와 상담을 하고 신중해야 한다. 응급 시에 반려동물에게도 줄 수 있는 약들을 소개한다.

약품	동물의 증상	고양이	개
이부프로펜 또는 나프록센	해당 없음	적은 양도 유독	적은 양도 유독
장용정 아스피린	염증, 통증	안전하지 않음	OK
아세트아미노펜 (타이레놀)	열, 통증	치명적(치사)	적정량 복용 시 OK (수의사에게 문의)
디펜히드라민 (베나드릴)	알레르기, 멀미	주사식 투여	OK
파모티딘 (펩시드 AC), 시메티딘 (타가메트 HB), 라니티딘 (잔탁)	위산 역류, 헬리코박터 피로리 감염증, 염증성 장 질환, 개 파보 바이러스, 궤양	OK	OK
디멘히드리네이트 (드라마민)	멀미	OK	OK
로페라마이드 (이모디움)	설사	OK	OK
차살리실산 비스무트	설사	치명적(치사)	OK
세티리진 (지르텍)	알레르기	OK	OK
로라타딘 (클래리틴)	알레르기	OK	OK
아목시실린, 암피실린, 테트라사이클린	감염증	OK	OK

192 반려동물의 부상 관리

온순하고 다정한 반려동물도 부상을 당하거나 아프면 사람을 물거나 할퀼 수 있다. 치료가 필요한 동물들을 다루는 방법을 소개한다.

거리 유지 반려동물의 입과 당신의 얼굴 사이에 적당한 거리를 두어 쉽게 물 수 없도록 한다.

입마개 사용 토하는 경우가 아니라면, 입마개를 씌우는 것이 좋다. 더 쉽고 안전하게 동물 병원으로 옮겨 치료를 받을 수 있을 것이다.

감싸기 수건이나 담요로 몸 전체를 여러 번 감싸면 쉽게

안고 이동할 수 있다. 감싸 주면 편안함을 느끼는 동물들도 있다.

이동장 이용 동물용 이동장이나 케이지에 익숙한 반려동물은 그 속에 넣어 안전하게 이동시킨다.

얼굴 덮어 주기 수건으로 반려동물의 얼굴을 덮어 준다. 시각적 자극을 없애 스트레스를 줄이는 효과가 있다. 잘 관찰해 보고 수건을 싫어하거나 두려워하면 덮지 않는다.

이동 시 주의 반려동물과 이동하거나 차에 태워 데리고 갈 경우, 놀라고 무서워할 수 있으므로 조심한다.

의약품 정보를 제공하는 어플리케이션은 다양하고 유용하며 도움이 되는 훌륭한 도구이다. 풍부한 정보 속에는 증상과 컨디션에 따른 치료 내용, 일반적이거나 특이한 부작용, 적절한 투여량과 투약 정보 등이 포함되어 있다.

알약을 외형 사진과 함께 구분하여 정리한 앱을 설치하면 알약 통이나 케이스가 없더라도 어떤 약인지 알기 쉽다. 응급 상황에서는 이런 앱이 증상과 상황에 따른 적절한 투약을 결정해 줄 수 있으나 때로는 투약하는 것이 더 해로울 수도 있으므로, 반드시 정확한 확인을 하도록 한다.

재난 시가 아니더라도, 의약품 정보 열람은 언제라도 건강 관리에 도움이 될 것이며 진료를 받기 전에 현재 상태를 의사에게 전달할 또 다른 좋은 정보가 되어 줄 것이다. 의료에 관련해서는 어떤 것이든 전문가의 조언에 따르는 것이 중요하지만, 그럴 수 없는 경우에는 정확한 정보를 얻는 것만이 적절하게 선택할 수 있도록 해 준다.

193 반려동물 CPR 시행법

고양이나 개를 대상으로 시행하는 CPR은 일반 CPR과 비슷하지만, 다른 기술들과 마찬가지로 훈련과 연습이 필요하다.

1단계 반려동물의 입을 열어 기도가 확보되어 있는지 확인한다. 목에 걸린 물질이 있다면 손가락을 이용해 빼낼 수 있는지 확인하고 조심스럽게 제거한다. 물리지 않으려면 빠르게 하는 것이 좋다. 의식이 명확하지 않거나 호흡 곤란을 겪고 있다면 CPR을 시행해야 한다.

2단계 의식이 없는 반려동물을 오른쪽으로 눕히고, 목과 머리를 나란히 위치하도록 한다. 입을 열어 혀를 앞으로 조심스럽게 잡아당긴다. 소매 등의 천을 이용하면 혀를 쉽게 잡을 수 있다. 호흡을 잘 관찰하여 숨을 쉬지 않는다면 인공호흡을 시행한다. 주둥이를 단단히 붙잡은 채로 숨을 4~5회 정도 코를 통해 불어넣는다. 충분한 숨을 불어 넣어 가슴 쪽이 올라오는지 확인한다. 작은 몸집의 강아지나 고양이는 입과 코 모두에 숨을 불어 넣어 주어야 한다.

3단계 대퇴동맥, 즉 넓적다리 안쪽 깊숙한 곳의 맥을 짚어 맥박을 확인한다. 맥박이 느껴지지 않으면 흉부 압박을 한다. 가능하면 다른 사람의 도움을 받아 CPR을 시행하면서 수의사에게 데려간다.

4단계 개의 경우 왼쪽 앞팔꿈치를 가슴에 가져다 대어 심장을 찾는다. 당신의 손바닥의 불룩한 부분을 심장 위에 올리고 손가락 깍지를 낀 다음 양팔을 고정한다. 두 번의 인공호흡 후 바로 1분당 80~120회의 압박을 총 30회 정도 가한다. 몸집이 큰 개는 5~7센티미터 정도 깊이의 압박을, 작은 개나 고양이는 1~2.5센티미터 정도 깊이의 압박을 준다(이 경우에는 흉부를 양손으로 감싸 두 손을 이용하는 압박을 가하는 것이 좋을 때도 있다). 인공호흡과 압박을 5회 실시한 후 잠시 멈추어 맥박을 확인한다.

5단계 계속하는 것이 더 안전하지 않거나 너무 지쳤을 경우가 아닌 한 CPR을 반복해서 시행한다. 수의사나 전문가가 왔거나 맥박이 뛰기 시작했을 때 CPR을 멈춘다.

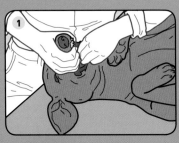

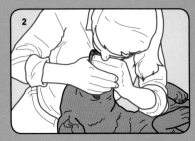

194 동물 병원에 가야 할 때

동물들은 말을 할 수 없기 때문에 어디가 얼마만큼 아픈지 알아내기 힘들다. 평소와 다른 행동이나 상태를 통해 알아내야 만 한다. 아래의 증상들 중 어떤 것이라도 보이면, 수의사에게 연락해 조언을 구하거나 동물 병원에 데려가야 한다.

- 숨쉬기 힘들어하거나 쌕쌕거릴 때
- 귀, 눈, 코 또는 다른 곳에서 분비물이 나올 때
- 급격한 체중 감소
- 먹는 것을 거부할 때
- 무기력증

- 과도한 신음 소리를 낼 때
- 평소보다 많이 긁거나 물어뜯을 때
- 눈의 이상(눈을 긁거나 찡그림 등)
- 고열 또는 전염병 증상
- 다리를 절뚝일 때
- 부종

- 평소와 다른 냄새가 날 때
- 반복적인 구토 증상
- 혈변 또는 혈뇨
- 잦은 설사나 배뇨
- 배변이나 배뇨 장애
- 소변의 색이 너무 짙거나 걸쭉할 때

195 야생 동물의 위협

멧돼지와 고라니 등 야생 동물이 사람들이 사는 지역에 출몰하여 피해를 입히는 일이 종종 발생한다. 야생 동물들은 농작물에 피해를 주기도 하고, 사람을 공격하기도 한다. 이로 인해 전 세계적으로는 멸종 위기 동물인 고라니는 대한민국에서는 유해 야생 동물로 취급되고 있다. 심지어 도심에서도 빈번하게 출몰하는데, 그 이유로는 개체수의 증가와 함께 먹이의 부족, 개발로 인한 서식지의 파괴 등이 꼽힌다.

대한민국 환경부에서 제시하는 '멧돼지 발견 시 상황별 행동요령'에 따르면, 등을 보이며 달아나거나 소리를 치면 공격받을 위험이 있으니 삼가고, 움직이지 말고 멧돼지의 움직임을 똑바로 쳐다봐야 한다. 공격 위험을 감지하면, 시설물 뒤나 높은 곳으로 신속히 이동하거나 가방 등 갖고 있는 물건으로 몸을 보호해야 한다. 무엇보다도 발견 즉시 112나 119에 신속히 신고하는 것이 중요하다.

196 반려동물의 안전한 이동

불행히도 반려동물을 위한 구급차 서비스는 매우 드물다. 그래서 동물 병원에 데려가야 할 때엔 주로 자가용 등으로 직접 데려가야 한다. 덜 긴박한 상황에서는 케이지나 이동장에 넣거나, 평소대로 차에 태워 이동하면 된다. 외상을 입었거나 많이 아픈 경우에는 이동 시에도 보살펴야 한다. 아프거나 다친 반려동물을 그냥 안고 이동하는 방법은 피하는 것이 좋다. 통증이 심하거나 겁을 많이 먹은 반려동물은 평소에 유순했더라도 공격적으로 변할 수 있다.

1단계 반려동물의 몸을 완전히 감쌀 수 있을 크기의 합판을 찾아본다. 평소에 미리 잘라져 있는 합판을 구해 두는 것이 좋다.

2단계 구토나 기침을 하거나 의식이 없는 경우가 아니라면 되도록 입마개를 씌운다.

3단계 몸집이 작은 동물들은 두 명이서 합판 위로 옮길 수 있다. 몸집이 큰 동물은 세 명 이상의 도움이 필요하다. 한 명은 머리 쪽을 잡고, 다른 한 명은 어깨를 붙잡고, 나머지 한 명은 엉덩이를 받친다. 천천히 조심스럽게 옮겨야 한다. 척추 손상을 막기 위해 다친 동물을 혼자 번쩍 들어 올리지 않는다.

4단계 체온 유지를 위해 담요로 몸을 덮는다. 충격을 막는 역할도 한다.

5단계 덕트 테이프를 이용하여 합판에 반려동물을 묶는다. 몸 전체를 감듯이 테이프를 단단히 둘러야 반려동물이 떨어지거나 하는 일이 없다.

6단계 조심스럽게 합판을 들어 올려 이동 수단에 태운다. 가능한 한 다른 사람에게 운전을 맡기고 뒤에서 반려동물을 보살피며 이동한다.

7단계 운전은 천천히, 안전하게 한다. 가능한 한 빠르게 동물 병원에 도착하는 것이 좋겠지만, 거친 운전으로 인하여 추가적인 부상이 생기거나 더 위험한 상태가 될 수도 있으니 주의한다.

197 맹견 공격 대처법

사납고 공격적인 맹견과 마주쳤을 때, 상황을 모면할 몇 가지 방법이 있다.

침착함 유지하기 침착한 상태를 유지하면 맹견은 덜 공격적인 태도를 취한다.

눈 마주치지 않기 동물들은 눈을 마주치는 것을 싸움을 거는 행동으로 간주한다.

웃지 않기 동물들 사이에서 이빨을 드러내는 것은 공격한다는 뜻이기도 하다.

멈추어 서 있기 개가 다가오더라도, 달아나는 것보다는 멈춘 상태로 있는 것이 더 안전하다. 뛰어가면 포식성 반응으로 생각해 쫓고 공격할 수 있다.

주의 분산시키기 씹을 만한 막대기나 물건을 준다. 음식이나 간식을 소지하고 있다면, 개 근처로 던져 주의를 돌린 다음 도망친다.

당당한 자세 취하기 차분한 방법이 모두 통하지 않았다면, 무게 있고 당당한 말투로 단호하게 말한다. "집으로 가!"

위로 올라가기 개가 달려들려고 한다면, 즉시 큰 쓰레기통 위나 주차되어 있는 차 위로 올라간다.

천천히 자리 뜨기 개가 더 이상 흥미가 없어 보이면, 천천히 그리고 조심스럽게 그 자리를 떠난다

신고하기 핸드폰으로 119나 경찰서 등에 전화를 걸어 도움을 청한다.

198 개의 공격성을 이해한다

왜 개들은 종종 공격적인 행동을 취할까? 다양한 요인과 환경이 원인으로 지목되는데, 가장 일반적인 요인은 경쟁 상대에 대항하여 우월함을 보이기 위함이거나, 서식지 또는 무리(반려견의 경우 사람 가족도 포함하여)를 보호하기 위함이다.

개들은 먹이나 가장 좋아하는 장난감 등을 지키기 위해서도 공격적으로 변한다. 동물의 본능이 그러하듯, 발정기의 개들은 예민해져서 평소와 다르게 공격성을 띠기도 한다. 길들여진 반려견들도 포식의 본능을 가지고 있기 때문에 작은 동물을 공격하거나 달아나는 사람을 쫓기도 한다.

공포심이나 좌절감을 느낄 때, 또는 아플 때도 공격적인 성향을 보인다. 스트레스가 가득한 상황에서 벗어나지 못하면, 달아나는 대신 대상과 맞서 싸우려고 한다. 다친 상황에서는 더욱 예상치 못한 거친 행동을 취한다. 이런 특성들에 대해 잘 알고 이해한다면 동물의 공격에 더 잘 대응할 수 있을 것이다.

199 경고 신호를 인지한다

공격적인 행동을 취하려는 개의 특성에 대해 이해하고 나면, 실제로 공격을 할 것인지를 판단하는 방법을 알고 싶을 것이다. 개들은 보통 공격 전에 경고의 신호를 보내거나 징후를 보인다. 보이는 경고 신호가 많을수록 조심해야 될 사항들이 많아진다.

개들은 소통을 위해 다양하게 짖는다. 하지만 낮게 그르렁거리는 소리는 경고의 의미이며 비슷하지만 조금 다르게 으르렁거리는 소리는 강한 공격의 신호이다.

신호는 몸으로도 나타난다. 귀가 뒤로 젖혀졌는지, 납작 엎드린 자세를 취하거나 움직이지 않고 뻣뻣하게 서 있는지를 관찰한다. 앞으로 돌진할 수도 있다.

개의 입은 세상과 교감하는 가장 중요한 기관이기 때문에, 입 모양만으로는 당장 물릴 위험에 처했는지를 쉽게 알지 못한다. 물려고 하는 것이 아니라 그저 자신의 우위를 지키려고 하는 행동일 수도 있고, 코와 주둥이를 이용해 무언가를 밀거나 쿡 찌르려는 시도일 수도 있다(Ⓐ). 가볍게 물렸다면(Ⓑ), 더 강하게 물기 전에 대응하도록 한다. 강하게 물면 상처가 생기거나 멍이 들 수도 있고, 심각한 부상을 입을 수도 있다.

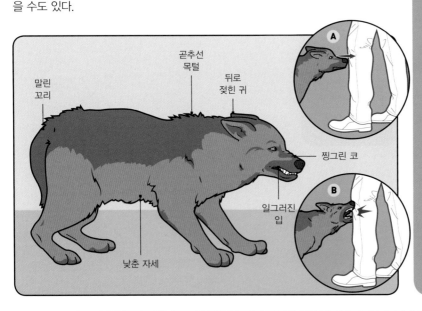

말린 꼬리

곧추선 목털

뒤로 젖힌 귀

찡그린 코

일그러진 입

낮춘 자세

200

싸워서 물리친다

공격적인 개와 마주쳤을 때 피하거나 도망치려는 모든 시도가 실패했다면 맞서 싸워야 한다. 개에게 공격을 당하면 주먹으로 치거나 발로 차고 큰 소리로 고함을 치듯 명령한다. 개의 공격은 치명적인 부상을 일으킬 수 있으므로, 온 힘을 다해 맞선다. 몸싸움을 벌일 때엔 체중을 실어 제대로 진압한다. 진압에 성공하면 119에 전화를 건다. 개의 주인도 신경 써야 할 대상이다. 자신의 반려견을 공격했다는 이유로 더 큰 싸움을 걸 수도 있다.

201 아이들에게 가르쳐 준다

낯선 개에게 조심스럽게 다가가고 교감하는 방법을 아이들에게 가르쳐 주어야 한다. 그래야 물리는 위험을 줄일 수 있다. 기본적으로 개를 만져도 되는지 주인에게 허락을 먼저 받으라고 한다. 집적거리거나 장난을 걸지 말라고 가르치고, 특히 새끼들을 데리고 있어 모성 본능에 의해 경계심이 가득한 개는 절대 방해하지 말라고 한다. 낯선 개가 갑자기 다가오면 멈춰서 서서 소리를 내지 않고 눈을 마주치지 말라고 일러 준다.

202 파이어 다이아몬드

혹시 건물 밖에 붙은 옆 사진과 같은 경고 표지를 본 적이 있는가? 이것은 내부의 위험물에 대한 정보이다. 미국 화재 예방 협회에서 발표한 NFPA 704는 응급 상황에서 위험 물질에 대해 빠르게 인지할 수 있도록 한 표준 규격 표시로, '파이어 다이아몬드'라고도 불린다. 화재, 유출에 대응하는 비상 요원들에게 기본적인 정보를 제공한다.

각 다이아몬드 모양 안에는 위험의 종류에 따른 색깔과 함께 위험도에 따른 숫자가 기입되어 있다. 백색 칸에는 특정 위험(아래 리스트 참조)에 대한 코드가 들어 있다. 파이어 다이아몬드가 붙어 있는 장소에 들어갔을 때엔 3s, 4s, 또는 특정 위험 마크가 있는지 꼭 확인한다. 만약 있다면 특별히 더 조심해야 하고, 안전에 대한 확신이 없거나 유출, 냄새, 가스 누출 등의 징후가 보이면 주저하지 말고 그곳을 벗어나도록 한다.

색깔	숫자	코드	
청색 짧은 노출에 의한 신체적 위험	**0** 위험하지 않음	**OX** 산화제(열이나 연료와 반응하여 화재 위험)	**ALK** 염기성
적색 인화성	**1** 경미한 위험		**BIO** 생물학적 위험
황색 불안정성, 반응성	**2** 적당한 위험	**₩** 물과 반응하여 위험 수반	**POI** 독성
백색 특정 위험	**3** 심각한 위험	**SA** 질식성 가스	**RA, RAD** 방사능 물질
	4 극도의 위험	**COR** 부식성	**CYL, CRYO** 극저온 물질
		ACID 산성	

203 화학 물질 정보 (MSDS)

일반 소비자를 대상으로 만든 것은 아니나, 온라인과 앱을 통해서 열람할 수 있는 화학 물질 정보(MSDS)는 모든 상품의 잠재 위험도를 알려 주는 자료이다. 토너와 같은 사무용품부터 가정용 세제까지, 제조 시 함유한 화학 물질에 대한 정보를 얻을 수 있다. 비전문가로서 MSDS를 이용하면 사용하는 제품에 대한 많은 정보를 얻을 수 있으며, 일부 물질에 대한 반응을 일으킬 때의 대처법이나 치료법 또한 배울 수

있다. 이런 정보들은 특히 재난이 발생해 일반 병원이나 의료 기관을 이용하기 힘들 때 유용하다.

각 물질에 대한 MSDS는 제품의 물리화학적 특성, 유독성 수치에 대한 정보를 비롯하여, 눈에 들어가거나 흡입했을 때 등 각 상황에 대한 응급조치 방법과 폭발이나 화재 시 대처 방법에 대해서도 기록되어 있다. 환경에 미치는 영향에 대한 정보도 알려 준다. 앱으로도 제공된다.

204 방어 운전을 한다

운전은 평범하고 흔한 일상 활동 중 하나로, 익숙해서 얼마나 위험한지를 쉽게 잊기도 한다. 큰 사고의 가능성은 높지 않으나 위험 요소를 줄이기 위한 세부적인 단계를 따르는 것이 좋다.

주의 산만함 없애기 교통 체증이 심하거나 피곤한 상태라면, 음식 섭취, 통화, 시끄러운 음악 등 산만해질 수 있는 행동은 하지 않아야 한다. 물론, 절대로 통화나 문자를 보내는 일은 없어야 할 것이다.

지속적인 경계 고개를 들어 앞차 너머의 교통 상황을 확인한다. 사각지대나 가려진 부분을 살핀다. 경계심을 가지고 주변 상황을 인식한다. 차량 주변에서 어떤 일들이 일어나고 있는지 알고 있는 것이 좋다.

대처 공간 확보 도로 상태를 고려하지 않고 변덕스럽게 운전하거나, 안전 속도를 유지하지 않거나, 빈번한 차선 변경을 하거나, 내 차에 바짝 따라붙는 차량은 큰 위험 요소이다. 지나가게 하거나 속도를 늦추어 위험한 차량에 대응할 충분한 거리와 시간을 가지도록 한다.

교차로 확인 교차로는 사고가 빈번한 지점이다. 주의력이 부족한 운전자들은 청신호가 켜지자마자 바로 운행을 시작하며, 적신호를 보고도 멈추지 않기도 한다. 교차로를 통과하기 전 양쪽을 모두 살피어 사고 위험을 줄인다.

안전거리 유지 앞차와의 사이에 안전거리를 유지한다. 앞에 끼어든 차량이 있다면 천천히 속도를 늦추어 다시 거리를 둔다. 궂은 날씨 속에서는 좀더 거리를 두는 것이 좋다.

적절한 양보 다른 운전자가 당신을 보았다고 믿지 말고, 모두가 규칙을 지키며 운전한다고 생각하지 않는다. 스스로 규칙을 지키며 운전하고 있더라도, 적절하게 양보하며 안전하게 운행한다.

205 점프 스타터를 구비한다

차량에 휴대용 배터리 점프 스타터를 구비해 보자. 이 장치는 점프 케이블을 차량의 방전된 배터리에 직접 연결해서 다른 차량의 도움 없이 시동을 걸 수 있게 해 준다. 어떤 모델에는 운전석 전용 전등, 배터리 잔량 게이지, 공기 입축기, 12볼트 DC 충전 소켓이 내장되어 있어 핸드폰 등의 중요한 전기 기기들을 충전하거나 연결하여 이용할 수 있다.

206 차량 미끄러짐 대처법

차량은 갑자기 제어 불능 상태가 되어 고속 도로 주행 중에 옆길로 빠져나가는 등 예기치 않게 미끄러질 수도 있다. 다시 제어할 수 있는 방법을 알아보자.

1단계 급브레이크를 밟고 싶은 유혹에서 벗어난다. 미끄러지는 차를 제어하려면, 바퀴를 멈추는 것보다 바퀴가 돌아가는 상태가 적절하다.

2단계 직관에는 어긋나겠지만, 핸들을 차가 미끄러지는 방향으로 천천히 돌린다. 예를 들어, 차량이 오른쪽으로 움직이고 있으면 핸들을 오른쪽으로 돌리는 것이다. 바퀴가 다른 방향으로 미끄러지기 시작하면 다시 그 방향으로 핸들을 돌린다. 차가 정상 궤도로 돌아왔을 때 바퀴를 똑바로 놓을 준비를 한다.

3단계 액셀러레이터를 살짝 밟아 차가 원위치로 오게 한다.

207 타이어 펑크 대처법

타이어에 펑크가 나면, 차량은 펑크가 난 방향으로 쏠린다. 이런 상황이 되면 운전자는 겁을 먹고 분별력을 잃는다. 하지만 침착함을 유지하면서 해야 할 일을 하면, 안전하게 대응할 수 있다.

당황하지 않기 과도하게 상황을 바꾸려 하거나 급정거를 위해 브레이크를 밟지 않는다. 오히려 차량이 미끄러질 수 있다.

속도 늦추기 핸들을 꽉 붙잡고 액셀러레이터에서 발을 뗀 후 방향 지시등을 켜고 갓길로 천천히 차를 몬다.

비상등 켜기 갓길에 도착하면 차량을 세우고, 비상등을 켜 다른 차량의 접근을 막는다.

208 브레이크 고장 대처법

브레이크를 밟았는데 속도가 느려지지 않고 계속 유지된다면 어떻게 해야 할까? 우선 핸들이 잠길 수 있으므로 절대 시동을 끄거나 키를 뽑지 않는다. 액셀러레이터에서 발을 떼어 속도를 줄이고, 할 수 있는 한 방향을 바꾼다. 내리막길이거나 속도가 빨라진다면 저속 기어(자동 변속 장치에도 이 기능이 있다)로 전환하고 비상 브레이크가 장착되어 있다면 서서히 작동시킨다. 주행 중 오르막길이 보이면, 그쪽으로 향한다.

209 침수된 도로 건너기

해마다 많은 사람들이 침수된 도로를 건너다가 물에 휩쓸려 목숨을 잃는다.

수치 확인 고작 15센티미터 깊이의 물도 차량을 제어 불능으로 만들거나 시동이 걸리지 않게 할 수 있다. 30센티미터 이상의 깊이에서는 대부분의 차량이 통제 불가능 상태가 되어 둥둥 뜨게 된다. 60센티미터 깊이의 흐르는 물속에서는 트럭이나 사륜 차량도 떠내려갈 위험이 크다. 차량

주변의 물이 소용돌이치기 시작한다면, 차를 과감히 버리고 목숨을 구해야 한다.

알 수 없는 것들 피하기 물 아래 도로는 망가진 상태일 것이다. 구덩이가 생겨 차량을 집어 삼킬 수도 있다. 침수 속에서 운전할 때의 규칙은 간단한데, 도로면을 볼 수 없거나 차선을 확인할 수 없다면 다른 길을 택하는 것이다.

 교통사고 시 해야 할 가장 중요한 대응 중 하나는 사고에 대한 기록 및 증거를 위해 사진을 잘 찍어 두는 것이다. 사진은 상대방의 근거 없는 주장이나 손해 배상에 있어 큰 도움을 준다. 가능한 한 많은 사진을 찍고, 모든 각도에서 세세한 부분까지 찍도록 한다.

우선, 현장 상황 전체를 볼 수 있는 사진을 찍는다. 멀리서 한 사진 속에 사고 현장이 다 들어오도록 찍되, 타이어가 미끄러진 자국, 파편, 사고 차량 전체가 모두 찍히도록 한다. 같은 거리에서 다양한 각도로 움직이며 앞부분부터 두루두루 찍는다. 그리고 근접 촬영을 한다. 사고 차량의 모든 손상된 부분을 자세히 찍는다. 각 차량의 앞뒤와 양옆(손상된 부분이 없는 쪽도)을 모두 촬영하자.

타이어가 미끄러진 자국도 자국을 낸 차량과 함께 촬영하고, 자국은 따로 근접 촬영을 한다. 어떤 차량이 낸 자국인지 확신이 없다면, 자국 주변의 모습까지 모두 촬영해 놓는다.

210 교통사고
대처법

피해 정도에 상관없이, 교통사고는 그 자체만으로도 불안하고 두려운 것이다. 감정을 추스르지 못하고 초조해져 정상적인 사후 관리를 못하게 될 수도 있다. 아래의 지시 사항을 인쇄하여 보험 증권, 면허증과 같은 곳에 두고 당황했을 때 차분하게 따라하도록 한다.

도로에서 벗어나기 차량을 움직일 수 있고 경찰관이 사고 상태를 유지하라고 한 경우가 아니라면, 차량을 움직여 갓길이나 안전한 곳에 세우도록 한다. 불가능한 경우엔 비상등을 켜고 후방에 안전 삼각대를 설치한다.

부상 확인하기 누구든 다친 사람이 있는지 확인한다. 부상자가 있다면 구급차를 부르고 경찰서에 신고한다.

경찰 부르기 경미한 사고는 경찰관이 출동하지 않는 편이나, 누구든 적대적인 행동을 취하거나 과하게 흥분하고 있다면 경찰관 출동을 요청한다.

보험사에 연락하기 보험사에 연락하여 신고를 하고 안내에 따른다.

견인차 부르기 필요하다면 사고 차량의 이송을 위해 견인차를 부른다.

연락처 주고받기 상대 차량의 운전자와 다음의 정보를 주고받는다.
- 운전자들의 운전 면허증 정보
- 자동차 보험 정보
- 사고 차량의 브랜드, 모델명, 색, 번호판
- 운전자와 탑승자 모두의 이름과 연락처
- 목격자의 연락처
- 조사한 경찰관의 이름, 소속 경찰서 정보

사진 찍기 사고 현장을 세세하게 사진 찍는다.

212 오토바이 사고 부상자 돕기

오토바이와 부딪치는 사고가 났거나 쓰러진 오토바이 운전자를 목격했다면, 구급차가 오기 전에 해야 할 일이 있다. 오토바이 운전자가 땅에 떨어지고 부상을 당했다면, 부상자를 옮기지 말고 부상자에게 그대로 있으라고 알려 준다. 부상자의 머리와 목을 움직이지 않도록 잡아 주고 상태를 유지하면서 구급차를 기다리도록 한다.

다른 사람에게 도움을 청하여 지나가는 차량들이 현장을 피해 갈 수 있도록 한다. 사고 현장 보호를 위해 차량을 가로막아 세우거나 비상등을 켜거나 표지판을 세워 두게 한다. 부상자의 호흡이 정상이라면, 헬멧을 쓴 상태로 둔다. 기도가 막혔거나 정상 호흡이 아닐 경우에만 헬멧을 벗겨 준다.

213 대중교통 이용 시의 안전

상황 인식은 모든 대중교통 이용 시 안전을 위해 매우 중요하다. 주변에 주의를 기울이고, 잠이 들거나 하여 잠재적 위험 요소를 무시하는 일이 없도록 한다. 안전을 위해 할 수 있는 간단한 것들을 소개한다.

군중 속에 머무르기 버스나 기차를 기다릴 때에는 밝은 곳에서 인파 속에 머무르도록 한다. 탑승 후에는 비상 버튼이나 출구 근처에 위치하는 것이 좋다. 운전자 근처도 안전하다. 도움을 청할 일이 생길 수 있으므로 핸드폰은 항상 소지한다.

경계하기 잠이 들거나 음악을 크게 듣거나 통화를 오래 하지 않는다. 장시간 핸드폰만 들여다보는 행위도 금물이다. 이용하는 중에도 잠깐씩 주변을 둘러보고 경계한다.

소지품 주의하기 앉았을 경우, 가방을 옆쪽 바닥에 두지 않는다. 무릎 위에 두거나 다리 사이, 바닥에 둘 경우엔 두 발 사이에 둔다. 가능한 한 출구 바로 옆의 자리에는 앉지 않도록 한다. 출구가 열렸을 때 절도범이 가방을 빼앗아 들고 달아날 위험이 있다.

스스로를 보호하기 본능과 직감을 믿는다. 안전하지 않다고 느껴질 때에는 탑승도, 하차도 하지 않는다. 거슬리는 누군가가 있거나 불편하게 하는 사람이 있다면 자리를 옮기거나 목적지 전후의 정거장에 내린다. 다른 교통수단으로 갈아타는 것도 방법이다. 필요시엔 기사에게 상황에 대해 알리도록 한다. 페퍼 스프레이 등 자기방어용품을 소지하고 다니는 것도 좋다.

214 신중하게 대응한다

승강장에 수상한 사람이 있는가? 지하철에 만취한 사람이 있는가? 티켓 판매기 근처에서 사람들에게 자꾸 말을 거는 사람이 있는가? 누구나 그러하듯, 수상한 사람을 보면 섣불리 대적하거나 문제를 일으키고 싶지 않을 것이다. 하지만 상황에 대해 빠르고, 쉽고, 신중하게 알릴 필요는 있다. 신고 앱이나 문자를 통해 신고를 하거나 의견을 접수한다.

215 방관자가 되지 않는다

'방관자 효과'란 많은 사람들이 사건 사고를 목격하거나 범죄를 인지했음에도 희생자를 돕지 않는 사회적이고 심리적인 현상을 말한다. 주변에 사람이 많을수록, 사람들이 도움을 줄 기회도 줄어든다. 이런 현상은 내가 아닌 다른 사람이 문제를 해결할 것이라고 생각하는 것에서 시작된다. 종종 사람들은 희생자가 도움을 필요로 하지 않는, 별일이 아닐 거라고 자기 합리화를 한다. 모든 사람이 잠재적으로 '방관자 효과'에 영향을 받기 쉽지만 어느 정도 스스로 예방할 수 있다.

도움을 주기 위한 준비 도움을 주고자 결정하기에 앞서 닥친 상황을 감당할 수 있을지 확신을 가지도록 한다(38번 항목 참조).

경계하기 상황 인식 단계를 주황색으로, 또는 상황에 따라 적색으로 바꾼다(3번 항목 참조). 어떤 상황이 벌어지고 있는지에 대해 명확하고 적절한 판단을 할 수 있도록 조심스럽게 관찰하고 주의를 기울인다. 신중하게 행하고, 주변을 두루 살피며, 쉽게 사건에 휩쓸리지 않도록 한다.

도움 청하기 누군가가 도움을 청하고 있는지 확인한다. 그렇지 않다면, 직접 신고를 하거나 다른 누군가에게 도움을 요청할 것을 부탁한다. 안전이 보장된다면 현장을 사진으로 찍는다.

개입하기 상황을 바꿀 수 있다고 생각되고 당신이 안전할 거라고 판단되면, 멈추라고 크게 소리친다. 신체적인 개입이 필요하다면, 동행인이 있을 경우에 한해 함께 움직이도록 한다.

사후 도움 상황이 종결된 후, 희생자나 사건 사고 당사자가 도움을 필요로 하는지 살핀다. 필요하다면, 응급 처치를 한다.

GPS 내비게이션에는 많은 종류가 있다. 사람들 대부분이 종이 지도 대신 차량에 내장된 GPS나 스마트폰 사용을 선호한다. 걷거나 운전할 때, 또는 다양한 대중교통을 이용할 때 사용하는 GPS 앱은 상시 업그레이드를 하여 다운받은 지도를 통해 가장 최신의 정보를 얻도록 한다. 스마트폰에 무상으로 설치할 수 있는 기본적인 지도 앱은 일상생활용으로는 충분하지만, 자연재해로 인해 인터넷 연결이 되지 않거나 통신 장애가 있는 경우에는 사용이 불가능할 수도 있다.

대피를 위해 이동하다 보면 낯선 곳에서 길을 잃거나 꼼짝 못하게 되기도 한다. 유료 앱을 통해 다운받은 지도는 핸드폰이 오프라인일 때에도 사용할 수 있고, 위급 상황 시 궁지에서 벗어나게 해준다. 기본 지도 앱은 지방이나 후미진 곳에서는 작동하지 않을 수도 있다. 비포장도로에 들어서고 외딴 곳에 도착했을 때 핸드폰 안테나가 줄어들기 떨어지기 시작한다면, 즉시 최신 지도를 받아두도록 한다.

그러나 오프라인 사용이 가능한 내비게이션 중 한국어가 지원되는 앱은 없다(2018년 3월 현재). 대신 구글 맵의 오프라인 지도 기능을 이용해 경로 검색이 가능하다.

216 침몰하는 배에서 살아남기

페리든 크루즈든 배는 언제든 가라앉을 가능성이 있다. 다행히도 대형 선박은 빠른 속도로 가라앉지 않아 승객들과 승무원들이 탈출하기까지 충분한 시간을 가질 수 있다. 준비가 되어 있으면 침몰 시에도 최악의 상황을 면할 수 있으니 최대한 안전하게 살아남는 방법을 숙지하도록 한다.

적응하기 배의 구조를 파악하고 구명정의 위치와 하나 이상의 비상구 등을 알아 둔다.

비상 가방 소지하기 집이나 차량, 직장용으로 구비했듯, 배를 탈 예정이라면 혹시 빠르게 탈출해야 할지도 모르니 호루라기, 방수 손전등 같은 물품을 넣은 비상 가방을 꾸려 소지한다.

신호 파악하기 국제 대피 신호는 뱃고동을 짧게 7회 울리고 난 후 길게 울리는 것이다. 승무원이 중요한 사항에 대해 안내를 하겠지만, 안내를 듣지 못하는 상황이라면 갑판 위로 향하라. 절대 한가운데나 아래층에 남아 있지 않도록 한다.

계단 이용하기 다른 안전한 탈출구가 없는 경우를 제외하고 승강기 이용은 하지 않는다. 전기를 이용한 기기들은 작동이 금방 멈추거나 배 전체의 전력이 차단될 수 있기 때문에, 승강기에 갇히면 구조되기 어렵다.

뛰어 내리기 전에 확인하기 구명정에 타지 못하는 상황이라면 구명구를 찾는다. 물속으로 뛰어내리기 전에 먼저 구명구를 던지고 그 다음 뛰어내린다. 뛰어내릴 위치를 잘 확인하여 부딪히면 다칠 수 있는 다른 사람이나 구명정, 화재, 파편, 프로펠러 등이 있는지 살핀다. 발부터 뛰어내린다.

거리 확보하기 물속에 뛰어들자마자 헤엄을 쳐 배로부터 멀어진다. 배에서 떨어지는 잔해에 부상을 입거나 배가 가라앉으면서 당신을 물속으로 빨아들일 수 있다.

저항하기 물속에 빠지면 발에 닿거나 스치는 것은 무엇이든 발로 찬다. 그저 배에서 떨어진 파편일 뿐일 수도 있지만, 굳이 확인할 이유가 없다. 상어 등의 위험한 생물일 수도 있으며, 발로 차거나 치는 것만으로도 공격을 막을 수 있다.

217 비행기 사고에서 살아남기

조종사가 아닌 한, 비행기 사고에서 살아남을 확률을 높일 수 있는 사람은 없다고 생각할 것이다. 하지만 비행기 사고에 대한 통계와 조사에 의하면 생존율을 높일 방법은 있다.

적절한 복장 비행 시에는 항상 긴 팔 상의와 천연 섬유 재질의 바지 그리고 튼튼한 신발을 착용한다. 적절한 복장은 빠른 탈출뿐만 아니라 날카로운 것이나 섬광으로 인한 부상 또는 화상의 위험을 감소시키며, 화염 속을 달려야 할 때에도 도움이 된다.

자리 선택 비상구와 가까운 자리는 비상 탈출 시 큰 장점이 된다. 물론 모든 사고는 상황에 따라 다른 결과를 낳지만, 평균적으로 비상구와 가까운 다섯 줄에 앉았던 승객들의 생존율이 더 높다. 위기 시에는 통로쪽 좌석이 창쪽보다 안전하다. 또한 뒤쪽 좌석이 앞쪽보다 생존 가능성이 높다.

안내 방송 숙지 모든 비행기마다 안전에 대한 방송 내용이 다르니 잘 듣고 기억하도록 한다. 안전 가이드를 꼼꼼하게 읽고, 시뮬레이션을 해 본다. 사고 후에는 이런 내용들을 살펴볼 시간이 전혀 없다.

안전벨트 착용 안전벨트는 편안하게 느껴지는 정도로 채운다. 너무 조이지 않아야 움직이면서 생기는 부상을 막을 수 있고 복부 내상의 위험을 줄일 수 있다.

경계 유지 상황에 따라 경계 상태를 유지하되, 특히 이륙 후 첫 3분과 착륙 전 8분 동안 비행기 사고 확률이 가장 높으니 주의를 기울인다. 신발을 신고 있어야 빨리 대피할 수 있다.

구명조끼 착용 시기 구명조끼는 밖으로 나가기 전에 부풀리지 않는다. 만약 그랬을 경우엔 비행기가 침수되었을 때 밖으로 헤엄쳐 나가지 못하고 기내에 갇힐 수도 있다.

빠른 탈출 화재가 발생했다면 가능한 한 바닥에 붙어 최대한 빠르게 탈출한다. 90초 내에 빠져나올 수 있다면 생존할 확률이 매우 높다.

거리 유지 비행기에서 탈출하고 난 후에는 폭발의 위험에서 벗어나도록 가능한 한 멀리 달아난다. 하지만 외딴 곳에서 사고가 났다면, 너무 멀리 가지 말고 안전거리를 유지하며 구조대를 기다린다.

이 책을 통해 얻어야 할 필수적인 정보들 중 하나는 중요한 자료들을 저장해 두는 것이 얼마나 중요한지를 아는 것이다. 원본은 안전한 위치에 보관하고, 모든 자료를 복사, 스캔, 사진 촬영해 다른 곳에 보관하여 원본이 손상되거나 원본에 접근 불가능할 경우를 대비하도록 한다.

가장 쉬운 보관 방법은 자료를 모두 스캔하여 PDF 형태로 보관하는 것이다. 스마트폰의 클라우드 스토리지 앱을 이용해 저장해 두면 모든 자료를 필요할 때 열어 볼 수 있다. 클라우드 스토리지의 보안이 걱정된다면, 이중 인증을 걸어 두어 자료를 안전하게 보관한다. 여러 종류의 저장 시스템이 있지만, 드롭박스, 구글 드라이브, 그리고 아이 클라우드가 가장 인기 있다.

218 양동이 변기를 만든다

단수와 정전 상태가 되면 화장실 역시 이용할 수 없게 된다. 화장실이 없는 상황이라면, 분뇨를 쉽게 관리할 위생적인 방법이 필요하다.

튼튼한 비닐 봉투를 구입하고, 고양이 배설용 점토를 준비한다. 또한 화장지, 덕트 테이프, 유성 매직, 일회용 장갑, 손 세정제 그리고 20리터 정도의 페인트용 플라스틱 양동이를 구비한다. 재난용품 가게에서 양동이에 딱 맞는 전용 변좌를 판매할 수도 있다. 비닐 봉투를 제외한 모든 준비용품들을 양동이 안에 넣는다. 비닐 봉투에 양동이를 넣고 밀봉하여 습해지지 않도록 보관한다.

양동이를 사용할 때엔 안쪽으로 비닐 봉투를 두 겹 감싸고 사용 후마다 고양이 배설용 점토를 충분히 뿌린다. 양동이가 반 정도 차면 맨 안쪽 비닐 봉투 하나를 먼저 묶고, 그 다음 비닐 봉투로 한 번 더 묶은 다음 매듭을 덕트 테이프로 감싸 밀봉하고 덕트 테이프 위에 유성 매직으로 '분뇨'라고 쓴다. 밀봉한 봉투는 직사광선이 없는 외부에 둔다. 위급 상황이 종료된 후에 적절하게 쓰레기를 처리한다.

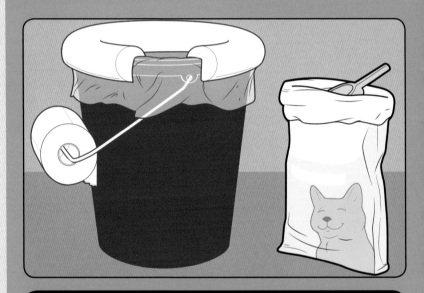

219 주소록을 관리한다

가족 재난 대비 계획과 연락 방법에 대한 자료를 핸드폰에 저장해 두면, 급히 거주지를 벗어나거나 멀리 사는 가족에게 당장 연락해야 할 경우 매우 편리하다. 한 가지 유의할 사항은, 여러 곳에 정보를 저장해 두면 찾는 데에 많은 시간이 소요된다는 점이다. 모든 해당 정보를 핸드폰의 주소록에 '응급 가족 연락망' 또는 '대피 목적지'로 시작되는 이름으로 저장하면 위급한 상황에서 보다 빠르게 검색할 수 있다. 지도 링크, 특이 사항 정보, 주요 정보 등도 이름으로 저장해 두면 유용하다.

220 재난 대비 달력을 만든다

종합적인 재난 대비 계획이 무리이거나 시간 소모가 크다고 생각된다면, 쉽게 관리할 수 있도록 한 해의 계획들을 월별로 세워 보는 것도 좋다. 아래와 같이 간단한 대피용 달력을 만들어 가족과 함께 작성해 보자.

월	분류	주요 사항	검토
1월	소통 계획	가족들과 함께 의논하고 계획을 세운다.	가족 구성원 모두와 함께 계획을 검토한다.
2월	물 공급	일반적인 식수 공급에 대해 검토하고, 72시간 재난 보급용 물을 구비한다.	필요에 따라 물 공급 방법을 대체한다.
3월	식량 공급	식품 저장고를 검토하고, 72시간 재난 보급용 식량을 구비한다.	필요에 따라 식량 공급 방법을 대체한다.
4월	탈출 경로	집과 거주 지역에서 탈출할 두 가지의 대피 경로를 결정해 둔다.	대피 계획을 가족 모두와 함께 검토한다.
5월	구급상자	필요한 물품을 구비한다.	함께 검토하며 이미 사용한 물품은 새것으로 교체하거나 추가로 구비한다.
6월	중요 문서와 열쇠	중요한 문서와 열쇠의 복사본을 마련한다.	보충이나 교체가 필요한 것을 함께 확인하고 추가 및 대체한다.
7월	장비와 도구	구비되어 있는 것들을 확인하고, 필요한 장비나 도구를 추가로 구입한다.	빠진 물품을 채운다.
8월	위생	필요한 물품들을 방수가 되는 커다란 상자에 모은다.	유통 기한이 지난 것들을 새것으로 교체한다.
9월	의약품 상자	가족 모두의 건강 상태에 따라 필요한 것들을 구비한다. 재난 시를 대비한 비상용 약품 상자도 마련한다.	유통 기한이 지나기 전에 비상용 약품 상자를 확인하여 새것으로 교체한다.
10월	의류와 침구류	비상 의류를 계절별로 준비한다. 각 가족 구성원의 침구류나 침낭을 구비한다.	잘 맞는 옷인지 확인한다. 손상된 부분을 체크하고, 필요 시 다시 세탁하여 보관한다.
11월	위험 요소	집 안팎의 위험 요소들을 파악하고 가능한 한 미리 제거한다.	현재의 위험 요소들을 검토하고, 새로운 위험 요소들을 찾아본다.
12월	반려동물 구급품	반려동물용 72시간 재난 보급용 식량을 준비한다.	필요에 따라 물품이나 식량을 교체, 대체한다.

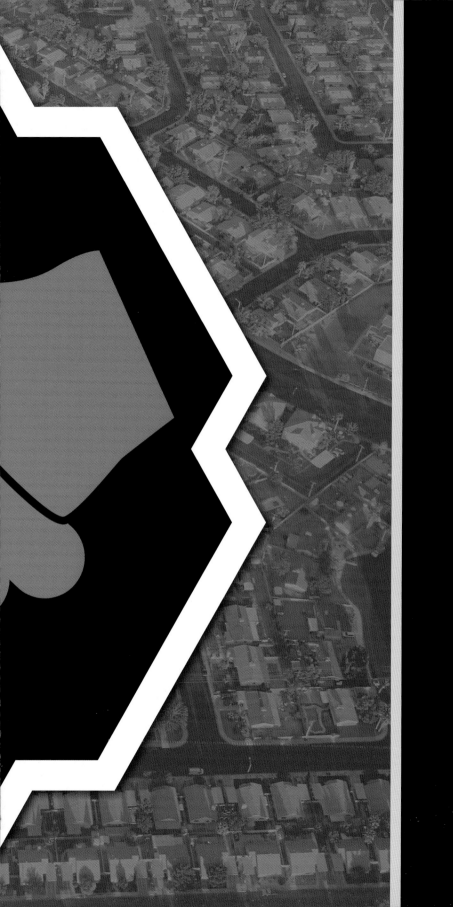

지옥 재난

때로 위급한 상황을 헤쳐 나갈 유일한 방법은 바로 하나가 되는 것이다

수십 년 전 어느 이른 아침, 사륜 구동차 운전을 처음 배우고 있을 때였다. 황량한 고지대 사막 한 가운데에서 바퀴가 진흙 구덩이에 빠져 버렸다. 핸드폰 사용 가능 지역이 아니었고, 송수신 겸용 라디오도 없었기 때문에 가까운 마을로 한 명이 가기로 결정했다. 마을은 꽤 먼 거리에 있었기 때문에 기다리는 동안 남은 사람들이 진흙을 퍼내 보기로 했다. 하지만 적당한 도구조차 없어 좀처럼 트럭을 빼낼 수가 없었다. 늦은 오후가 되어 마을에서 구조를 위해 온 차량들이 나타나자 그렇게 반가울 수가 없었다. 실행 가능했던 플랜 B가 시간을 단축해 주어 우리는 갇혀 있지 않아도 되었고, 결정이 얼마나 훌륭했는지를 확인할 수 있었다. 이후의 탐험에는 더 나은 장비를 준비하고 계획하였다. 하지만 그 후로도 나는 스스로 진흙 구덩이를 파서 벗어날 계획은 세우지 않았다.

자연재해와 지역의 큰 재난 사고는 그 지역 전체에 막대한 영향을 끼칠 것이다. 특히 비상물품, 보급품에 문제가 생긴다. 준비가 되어 있지 않다면, 절대 그러고 싶지는 않겠지만 음식, 물, 피난처, 구급품들을 외치며 찾아다녀야 할 것이다. 하지만 지역의 재난에 대한 비상 관리 정보를 이용하고 72시간 구급 키트를 준비해 두었다면 잘 극복할 수 있을 것이다. 자연재해가 두려운가? 이번 장에서는 지진부터 화산 폭발, 허리케인, 토네이도까지 전반적인 재해를 다루고자 한다. 머물러야 하는가, 아니면 달아나야 하는가? 생존을 위한 우선순위, 대피 방법, 대피소, 음식과 물을 위한 추가적인 전략을 배워 보자. 다른 위험 요소들은 어떻게 처리해야 하는가? 화학 물질 노출, 태양 표면 폭발, 범유행병, 범죄자 등에 대비한 더 나은 준비 방법들을 알아보자. 마지막으로, 이번 장을 통해 어떤 자연재해나 인재가 일어나더라도 잘 극복하여 진짜 생존자가 되는 법을 배우기 바란다.

221 세계의 재난을 피한다

아래 지도는 각 지역에서 가장 빈번하게 일어나는 자연재해 정보를 표시한 것이다.

화산 '불의 고리'에서 광범위하게 일어난다. 이곳은 하와이와 일본을 포함하는 태평양 지역이다. 두 번째 활화산 지역은 자바해부터 히말라야와 지중해 지역까지 이르는 지역이다.

지진 지구의 지질 구조판 가장자리를 따라 가장 빈번하게 일어나며, 화산 폭발, 산사태, 채굴, 시추 등에 의해서도 일어난다.

태풍 사이클론이나 허리케인으로도 알려진 이 열대 폭풍은 광범위하게 일어나고, 거대하고 강력한 바람에 의해 남북으로 움직인다.

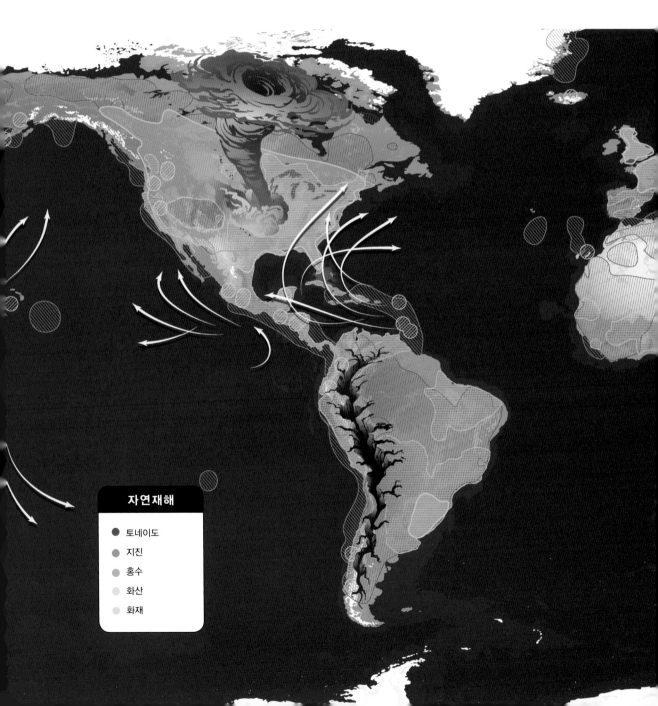

자연재해

- 토네이도
- 지진
- 홍수
- 화산
- 화재

홍수 댐 붕괴나 수로 파괴 등 다양한 원인에 의해 일어난다. 자연적으로는 계절적인 요인인 해빙이나 폭풍, 폭우 등에 의해 발생한다.

화재 인재나 번개에 의해서도 일어나지만 전 세계적인 기후 변화와 점점 더 잦아지는 가뭄과 건기로 인해 더욱 빈번하게

일어난다.

토네이도 뇌우 등의 불안정 환경에서 고온 다습한 공기가 합해져 상승하면서 일어나는 것으로 알려져 있다. 주로 미국의 대평원 지역이나 유럽과 호주 등에서 발생한다.

222 우선순위 표를 만든다

재해 발생 시의 우선순위를 정해 두는 것은 중요하다. 그래야 안전을 확보할 시간을 엉뚱한 곳에 낭비하지 않을 수 있다. 우선순위를 정하고 나만의 도표를 만들어 보자. 물론 변화하는 환경과 상황에 따라 알맞은 우선순위와 계획을 정하도록 한다.

재난 / 재해	1	2	3
지진 해일	임박했다면, 즉시 높은 곳으로 올라간다.	인터넷, 라디오 등을 통해 거주 지역에 미치는 영향을 확인한다.	대피할 준비를 한다. 필요한 물품과 구급 가방을 챙긴다.
지진	안전한 곳으로 이동한다. 엎드리고, 덮고, 꼭 붙잡는다.	안전할 때까지 그대로 있되, 너무 위험해지면 이동한다.	지진 발생 후 전기, 수도, 가스를 차단한다.
홍수		대피할 준비를 한다. 필요한 물품과 비상 가방을 챙긴다.	안전한 탈출 경로를 찾아 둔다.
토네이도	인터넷, 라디오 날씨 정보, 방송 뉴스를 통해 거주 지역의 상황을 파악한다.	위를 덮을 수 있는 대피 장소나 창문이 없는 방을 찾는다.	사이렌이나 인터넷, 뉴스 등을 통한 종결 신호를 기다린다.
태풍		시간이 있다면 창문을 판지 등으로 막고 집의 안전을 강화한다.	필요한 물품과 비상 가방을 챙긴다.
화산		어떤 곳으로 대피할 것인지, 어떤 경로로 탈출할 것인지를 결정한다.	필요한 물품과 비상 가방을 챙긴다.
범유행병		환자와의 접촉을 삼간다.	공공장소에서는 의료용 장갑, 고글, N95마스크를 착용한다.
화재		대피를 위해 차량의 연료를 가득 채운다.	필요한 물품과 비상 가방을 챙긴다.
정전		태양열 충전 장치를 가동하거나 휴대용 응급 전원을 사용한다.	필요한 물품과 비상 가방을 챙긴다.
위험 물질 / 핵 사고		머물 것인지, 대피할 것인지 결정한다.	창문, 문, 통풍구를 비닐과 덕트 테이프로 막는다.

4	5
집의 안전을 확인한다. 귀중품은 높은 층으로 옮겨 보관한다.	전기, 수도, 가스를 차단한다.
집이 안전하지 않다면 대피할 곳을 찾는다.	구비하고 있는 구급품들을 검토한다.
집의 안전을 강화한다.	미리 대피할 것을 고려한다.
여전히 위험한 요소가 있는지 확인한다.	대피 장소가 더 이상 안전하지 않다면 다른 곳으로 대피한다.
어떤 곳으로 대피할 것인지, 어떤 경로로 탈출할 것인지를 결정한다.	대피 시엔 모든 수도, 전기, 가스를 차단한다.
눈과 기도의 보호를 위해 고글과 방진 마스크를 착용한다.	문, 창문, 배관 등을 막아 화산재 유입을 막는다. 환풍기나 에어컨을 끈다.
장기간의 격리 상태를 대비하여 여분의 식량과 의약품을 구비한다.	구급품이 모자라면 전염병이 돌지 않은 안전한 곳으로의 이동을 고려해 본다.
가스 공급관을 차단한다. 프로판 가스통을 잠근다.	미리 대피할 것을 고려한다.
구비하고 있는 구급품들을 점검한다.	보다 오래 쓰기 위해 배터리로 작동하는 기기들을 아껴 쓴다.
필요한 물품과 비상 가방을 챙긴다.	옷이 오염될 것을 대비하여 자를 수 있는 도구를 준비하고, 여벌 옷을 구비한다.

223 중요한 것만 가져간다

최악의 경우, 집, 재산, 귀중한 것들에 대해 어려운 결정을 해야만 하는 순간을 마주하게 한다.

집을 잃을지도 모르는 긴박한 대피 과정 속에서 어떤 소지품을 챙겨야 할지 선택을 해야만 한다. 사전에 생각해 놓지 못했다면, 갑자기 재난이 일어났을 때 가져갈 물건을 결정하고 모으는 데 시간을 소비하게 되고, 그러는 동안 안전은 위협받게 된다. 스스로에게 물어보자. 딱 한 가지만 가지고 갈 수 있다면, 무엇을 선택하겠는가? 어떤 상황에서는 선택조차 할 수 없고, 비상 가방만을 빠르게 매고 나갈 시간만이 주어지기도 한다.

그러나 결정을 위한 시간이 필요할 것이기 때문에, 가져가야 할 의미 있는 것들에 대해 미리 계획을 세워 두는 것이 좋다. 시간과 여유가 충분할 때 차분히 선택해 보자.

가족 대피 계획표 속에 각 가족들마다 가장 중요하다고 생각되는, 대피 시 가져갈 것을 이름 옆에 기입하도록 한다. 그러면 재난 시 그들이 집에 없더라도 다른 사람이 챙겨줄 수 있을 것이다.

최악의 상황은 또 있다. 반려동물을 많이 키우고 있거나, 몸집이 커 어쩔 수 없이 두고 가야 하는 경우도 있다. 가족들과 미리 상의해 둔다면, 안전한 대피가 필요한 시점에 이 문제를 두고 의논하느라 위험해지는 상황이 생기지 않을 것이다. 사전에 파악했을 때, 쉽게 따라오지 않을 반려동물에 대해서는 그에 맞는 계획을 세우고 필요한 물품들을 갖추어 놓아, 두고 가야 할 때를 대비하도록 한다. 물론 이상적인 계획은 아니지만 선택의 여지가 없을 수 있고, 재난은 때로 힘든 결정을 하게 만드는 것이므로 적절히 대응해야 한다.

224 떠날 것인가 머물 것인가

머물러야 할지 아니면 떠나야 할지를 결정하는 것은 가장 중요한 선택으로, 재난 발생 전, 도중, 또는 후에도 해야만 하는 것이다. 어떤 재난은 대피해야만 하고, 어떤 재난은 안전하고 식량이 넉넉한 집 또는 직장에 숨어 있는 것이 나을 수도 있다. 다시 말해, 재난의 종류와 성격이 대피가 최선(또는 유일한)인지를 결정할 요소가 된다는 것이다. 아래에 제시된 사항들이 한곳에서 머물러야 할지, 또는 당장 떠나야 할지를 결정하는 데에 도움을 줄 것이다.

만약	
정부에서 대피하라고 발령을 내린다.	정부에서 대피소에 머물러야 한다고 한다.

또는	
상황이 악화되어 머무는 것보다 떠나는 것이 낫다고 판단된다.	대피하기 위해 이동하는 것이 안전하지 않은 상황이다.

그리고	
대피 계획이 있다.	대피의 의미가 없거나 떠날 수 있는 교통 상황이 아니다.

그리고	
필요한 도구와 구급품들이 있다.	도구와 구급품이 포함된 재난 대비 키트가 준비되어 있다.

또는	
더 준비되어 있거나 장비를 갖춘 사람을 만났다.	대피할 다른 곳이 없다.

그렇다면	
대피하라	**머물러라**

225 신속하게 대피한다

태풍, 홍수, 화재, 겨울 폭풍, 지진 해일, 심지어 화산 폭발을 포함한 많은 재난은 발생 수시간, 또는 수일 전에 알아챌 수가 있다. 기다려 보고 정말로 대피를 해야 할 상황인지 판단하려다가 재난 지역에서 빠져나오지 못하고 위험해질 수 있다. 또한, 오래 기다릴수록 대피 시 심한 교통 체증을 겪게 될 것이다. 신속히 대피해야 사고를 미연에 방지하고 대피 스트레스를 덜 수 있다.

재난의 종류에 따라, 가스나 전기, 수도 차단을 고려한다. 전기를 차단하지 않기로 했다 하더라도, 냉장고나 냉동고처럼 전기가 없을 때 치명적인 것들을 제외하고 나머지는 전원을 끄고, 가능하면 두꺼비집도 내려 두도록 한다.

226 구조 신호를 보낸다

피신 또는 조난 상황 시 개인 위치 신호기(PLB)나 위성 전화기가 없더라도 조종사들이 알아볼 수 있는 국제 신호를 알고 있다면 도움을 청할 수 있다. 이런 신호들은 어떤 수색 비행기든 이해할 수 있는 간단한 신호이다. 연기, 불꽃, 화염 등의 구조 신호가 효과적이지만 도시의 좁은 공간이나 지붕에서 사용하기 힘들거나 위험할 수 있다. 그러니 스프레이 페인트를 구비해 땅이나 지붕 위에 구조 신호를 쓰는 방법을 고려해 보자. 즉석에서 구해야 한다면

천, 나뭇가지를 이용하거나 땅에 신호를 새길 수 있는 날카로운 물체를 사용한다. 급할 때에는 그저 땅을 신호 모양으로 파내는 것도 방법이다. 상징물은 소지한 물건을 이용하여 가능한 한 크게 만들되, 대략 6m 정도가 이상적이다.

X	의료 지원이 필요함
V	도움이 필요함
F	식량과 물 공급이 필요함
L	연료나 기름이 필요함
W	수리가 필요함
LL	모든 것이 괜찮음
→	화살표 방향으로 이동 중
▲	이곳에 안전하게 착륙하기 바람
SOS	일반적인 긴급 도움 요청

227

수신호를 보낸다

비행기가 발견할 수 있는 위치에 있다면, 팔로 신호를 보낼 수 있다. 두 가지 주요 신호는 다음과 같다.

도움이 필요

모든 것이 괜찮음

'안전디딤돌'은 대한민국 행정안전부에서 제공하는 재난 안전 포털 앱이다. 재난 발생 시는 물론이고 일상생활에서 필요한 다양한 안전 정보를 제공한다. 재난 발생 정보나 기상 특보 등 재난 정보 문자를 보내 주고, 문자의 재난과 관련된 국민 행동 요령을 제공한다. 119나 112 등에 다이렉트 콜이 가능하며, 재난 징후 정보를 제공하거나 유해 화학 물질 유출 신고를 할 수 있다.

지진, 태풍, 홍수, 호우, 한파 등 재난 유형별로 행동 요령을 제공하는데, 오프라인 상태에서도 이용할 수 있다. 심폐 소생술 등 응급 상황에 대처하는 방법도 제공한다.

민방위 대피소, 이재민 주거 시설, 지진해일 대피소 등과 응급 의료센터, 약국, 소방서, 경찰서 등의 주요 시설물 정보를 조회할 수 있다. 기상 정보, 방사선 정보, 산사태 정보, 가뭄 예경보 등 다양한 재난 안전 정보도 제공한다. 영어와 중국어도 지원된다.

각 지방 자치 단체별로도 재난 안전 앱이 제공된다. 서울특별시에서 제공하는 '서울안전' 앱의 경우 재난 속보, 사고 속보, 재난 및 사고별 시민 행동 요령, 긴급 상황에서의 대처법 등을 제공한다.

228 기상 정보를 확인한다

기상청은 국민들에게 위협이 되는 기상 정보를 사전에 제공한다. 기상 현상으로 인하여 중대한 재해가 발생될 것이 예상될 때 기상 특보를 발령하는데, 대한민국의 기상 특보 체계를 요약하면 예비 특보–기상 특보(주의보–경보)로 분류할 수 있다. 기상 특보는 기상 현상에 대한 위험에 대해 사람들의 주위를 환기하거나 경고하기 위한 것이다. 예비 특보와 기상 특보 외에 정기적 또는 수시로 기상 상황에 대한 정보를 제공하기 위해 기상 정보와 기상 속보 등도 발표한다. 각 단계별 차이점을 파악하면 기상 정보를 잘 이해하고 수반될 수 있는 위험에 대해 더 나은 결정을 할 수 있다.

예비 특보 기상 특보를 발표할 것으로 예상될 때, 이를 사전에 알리기 위해 예비 특보를 발표한다. 사전 경고를 통해 재해 발생에 대비할 시간적 여유를 주는 것이므로, 재난 대비 물품들을 재확인하고 새로 준비할 좋은 기회가 되기도 한다.

주의보 주의보는 위험한 기상 상태가 곧 일어나거나 그럴 것 같을 때에 발령된다. 경보보다는 덜 심각한 상태에 사용한다. 하지만 꽤 불편한 상황을 일으킬 수 있고, 주의하지 않을 경우 부상이나 사고 등을 당할 수 있는 기상 상태이다.

경보 경보 역시 위험한 기상 상태가 곧 일어나거나 그럴 것 같을 때에 발령된다. 경보는 일어날 기상 상태가 목숨이나 주거지를 위협할 수준일 수 있으므로, 재난 대비 계획 실행이 필요하다는 뜻이다.

229 기상 경보 발표 기준

대한민국 기상청은 주요 기상 특보를 위험한 기상 현상에 따라 분류해 놓았다. 기상 현상별로 경보가 발표되는 기준은 다음과 같다.

호우 6시간 강우량이 110mm 이상 예상되거나 12시간 강우량이 180mm 이상 예상될 때

대설 24시간 신적설이 20cm 이상(산지는 30cm 이상) 예상될 때

한파 10월~4월에 ①아침 최저기온이 전날보다 15℃ 이상 하강하여 3℃ 이하이고 평년값보다 3℃ 낮을 것으로 예상될 때 ②아침 최저기온이 5℃ 이하가 2일 이상 지속될 것이 예상될 때 ③급격한 저온현상으로 광범위한 지역에서 중대한 피해가 예상될 때

태풍 태풍으로 인하여 ①강풍(또는 풍랑) 경보 기준에 도달할 것으로 예상될 때 ②총 강우량이 200mm 이상 예상될 때 ③폭풍해일 경보 기준에 도달될 것으로 예상될 때

황사 황사로 인해 1시간 평균 미세먼지(PM10) 농도 800mg/㎥ 이상이 2시간 이상 지속될 것으로 예상될 때

폭염 일 최고기온이 35℃ 이상인 상태가 2일 이상 지속될 것으로 예상될 때

이외의 재해들 강풍, 풍랑, 폭풍해일, 건조 등에 대하여도 기상 특보가 발표된다.

230 경고 깃발에 주의를 기울인다

물 근처나 물속에 있을 때에는 각 경고 깃발의 뜻을 알아 두는 것이 좋다.
날씨 상태에 따라 달라지기 때문에 일어날 상황을 예측하거나 이해하기 쉽다.

경고 깃발	분류	표시	시속 (노트)	시속 (마일)	시속 (킬로미터)	파고 (피트 / 미터)
▶	기상 주의보	웅풍	22 – 27	25 – 31	40 – 50	9.9 / 3
		강풍	28 – 33	32 – 38	51 – 61	13 / 4
▶▶	강풍 경보	질강풍	34 – 40	39 – 46	62 – 74	18 / 5.5
		대강풍	41 – 47	47 – 54	75 – 87	23 / 7
■	폭풍 경보	폭풍	48 – 55	55 – 63	88 – 100	30 / 9
		심한 폭풍	56 – 63	64 – 72	101 – 116	38 / 11.5
■■	태풍 경보	태풍	64+	73+	117+	46 / 14

231 장기간에 대비해 식량을 저장한다

대규모의 재난 시에는 72시간 이상을 버틸 식량을 구비해야 하고, 몇 주간의 계획을 세워 구급 식량과 물품이 올 때까지 또는 일상으로 완전히 돌아갈 때까지 견뎌야 한다. 가급적 많은 양의 음식들을 저장하는데, 특히 조리가 필요 없는 것으로 준비하면 정신적으로도 안정감을 느끼고, 배는 포만감을 느낄 수 있어 상황을 바라보는 시각 자체를 변화시킬 수 있다. 생존 현장의 고통을 "우리는 최선을 다해 이겨 내고 있다."는 믿음으로 바꾸어 주는 것이다.

232 건조식품의 올바른 보관법

건조식품의 장기 저장을 위해서 페트(PET) 플라스틱 용기를 고려해 본다. PET 소재로 만든 일반적인 용기는 굉장히 많다. 주로 라벨의 재활용 표기 아래에 표시되어 있으니 확인할 수 있다. 명심해야 할 사항은 반드시 새 용기를 구입해야 한다는 것이다. 식품이나 음료용기였던 것을 재활용하지 않도록 한다. 일반 플라스틱은 너무 얇거나 습기, 공기, 해충에 약해 손상되기 쉬운데 비해, PET 플라스틱은 산소 흡수제와 함께 사용하면 효과적이다. 다만 건조식품이나 제품을 위해서만 사용해야 하고, 습기가 있는 식품들은 보툴리눔 식중독의 위험을 막기 위해 다른 방법으로 보관해야 한다. 용기는 4리터를 넘지 않는 것이 좋다.

1단계 용기를 완전히 닫고 물속에 넣은 다음, 뚜껑이나 캡 위를 눌러 밀폐 상태를 확인한다. 거품이 새어 나오면 그 용기는 결함이 있다는 뜻이므로, 장기 보관용으로 사용하지 않는다.

2단계 식품의 산화를 막는 산소 흡수제를 용기 속에 넣는다.

3단계 용기에 밀, 곡물, 건조된 콩 등의 건조식품들을 넣는다.

4단계 마른 천으로 용기의 입구 가장자리를 깨끗하게 닦고, 뚜껑을 단단히 닫는다.

5단계 밀폐된 용기는 직사광선을 피해 서늘하고 건조한 곳에 보관한다. 내용물을 다 먹고 난 후 다시 채울 때 산소 흡수제도 새것으로 교체한다.

233 재난 시 음식 조리법

대규모 재난 시에는 전기나 가스 공급 없이 생존해야 할 수도 있다. 혹시 전기가 들어오는 상황이라면 전자레인지를 이용할 수 있지만, 그렇지 못한 상황에서는 대체 방법을 찾아야 한다. 도시 지역에서는 외부에서 불을 피우기가 힘들 것이고, 그릴이나 화덕이 있는 공원이나 캠핑 지역은 이미 많은 사람들이 차지했을 것이다.

집에 벽난로나 아궁이가 있다면 팬이나 냄비를 고정할 방법을 찾아 이용하고, 뒷마당에 그릴이 있다면 평소에 위급 상황을 대비하여 연료를 충분히 구비해 놓도록 한다. 작은 숯불 화로도 방법이 될 수 있다. 벽돌이나 구이판을 이용해 그릴 아래가 타지 않도록 잘 조절하면 훌륭하게 사용할 수 있을 것이다.

캠핑용 스토브는 다양한 크기와 디자인이 있고, 쓰이는 연료도 여러 가지가 있다. 실내에서 사용해도 안전한 것도 있으니 구입 전에 잘 확인한다. 실내용 스토브를 가지고 있다면 이미 재난에 대비해 놓은 셈이다.

고체 알코올 연료는 실내에서 사용해도 안전하지만, 다른 것에 비해 열이 약해 음식을 데울 수는 있어도 끓이기에는 부족하다.

화목 스토브는 나뭇가지나 잔가지를 태워 쓸 수 있어 연료 부족에 대한 걱정을 덜 수 있다. 태양열 스토브는 기성 제품을 구입하지 않아도 가정용품을 이용해 만들 수 있다. 연료를 필요로 하지 않지만 밤이나 흐린 날씨에는 사용할 수 없다는 단점이 있다. 석탄 등 고체 연료를 쓰는 스토브는 연소 시 발생하는 연기의 독성 등 때문에 사용하지 않는 것이 좋다.

234 식료품을 신선하게 보관한다

식료품 저장실의 기본적인 규칙은 '선입선출'이다. 유통 기한을 잘 확인하여 지나기 전에 빨리 먹으라는 것이다. 예를 들어, 1년의 유통 기한을 가진 쌀 한 포대가 있다면, 11개월 후 새로운 쌀 한 포대를 사고, 있던 쌀을 완전히 먹도록 한다. 유통 기한을 잘 확인하고 섭취하면서 필요하기 전에 새 것을 준비해 두면, 아깝게 버리는 것이 없을 것이다.

235 여러가지 정수법

저장되어 있던 물을 모두 사용했는데 깨끗한 물을 구할 방법이 없을 때에는 정수 처리를 통해 마셔도 되는 물로 바꾸어야 한다. 무엇에 쓸 물이든 모든 물을 정수해 보자. 오염된 물은 고약한 냄새가 나거나 맛이 이상할 수도 있고, 오염 물질 외에도 미생물을 포함하고 있을 수 있다. 정수에는 여러 방법이 있으나, 완벽한 방법은 없기 때문에 시간과 자원이 허락되는 한 여러 방법을 혼용하는 것이 가장 좋다. 정수하기 전에 먼저 성기게 짠 면직물, 커피 거름망, 깨끗한 천 등을 이용하여 잔여 물질을 제거한다.

자외선 이용 자외선(UV)을 이용한 정수는 빠르고 쉬우며, UV 살균 기기(238번 항목 참조)나 햇빛을 이용하면 된다. 1리터의 물을 한 번에 정수하려면 그저 기기를 물에 넣고 90초 정도 저어 주면 된다. 그 후 바로 마실 수 있다.

끓이기 물을 처리하는 데 있어 가장 안전한 방법으로, 5분 정도 팔팔 끓이면 된다. 두 개의 깨끗한 컵이나 용기를 이용하여 물을 왔다갔다 여러 번 부어 공기를 통하게 하면 맛이 더 좋아진다.

염소 살균 일반적인 가정용 염소 표백제만 사용하되, 하이포아염소산나트륨의 함유량이 5.25~6.0퍼센트인 것을 이용한다. 향이 있거나 색 보호제, 세척제가 포함된 표백제는 사용하지 않는다. 표백의 효능은 시간이 지남에 따라 약해지므로 최근에 개봉했거나 미개봉인 제품을 사용한다. 4리터의 물에 8방울을 떨어뜨리고 저어 준 다음, 30분 동안 그대로 둔다. 희석되어 정수된 물은 약한 표백제 냄새가 나야만 한다. 그렇지 않을 경우 같은 방법을 한 번 더 해 보고 15분간 기다린다. 그래도 염소 냄새가 나지 않으면 그 물은 버리고 다른 방법을 찾는다.

증류(정제) 증류는 미생물과 다른 오염 물질을 다 제거해 준다는 장점이 있지만, 안타깝게도 가장 복잡한 정수 방법이므로 증류용 기기(정전 시 사용 불가능)를 보유하고 있지 않는 한 시도하기 힘들다.

정수 방법	미생물 제거	다른 오염 물질* 제거
UV(자외선)	제거한다	제거하지 못한다
끓이기	제거한다	제거하지 못한다
염소 표백	제거한다	제거하지 못한다
증류	제거한다	제거한다

*중금속, 염류, 그 외의 화학 물질

236 햇볕으로 소독하기

깨끗한 유리 또는 플라스틱 병과 어느 정도의 물이 있고 햇살이 좋은 날이라면, 태양 빛을 이용하여 안전한 물을 만들 수 있다. 태양 소독법은 개발도상국에서 적극적으로 권하는 방법으로, 강렬하고 풍부한 햇볕이 내리쬐는 적도 지방이 가장 적합하지만 세계 어디서든 재해 시에 적용할 수 있는 방법이다.

가장 일반적인 방법은 깨끗한 플라스틱 병에 정수할 물을 가득 채운 다음 최소 꽉 찬 하루 이상의 시간동안 햇볕에 노출시키는 것이다. 자연 자외선이 대부분의 생물 오염 물질을 죽이거나 약하게 할 것이다. 이 방법은 쉽고, 기본적으로 비용이 들지 않으며, 완벽하지 않지만 박테리아와 바이러스 소독 효과가 있다. 효과적인 소독을 위해서는 2리터 이하의 병을 사용해야 한다. 물은 투명해야 하며, 필요 시 여과한 후 병에 넣도록 한다. 직사광선을 바로 받는 곳에 하루 종일, 흐린 날에는 이틀 이상 두도록 한다.

단점이 있다면, 비가 올 때는 효과가 별로 없다는 것이다. 잔여 물질 소독은 물론이고 박테리아와 기생 물질의 포자 단계를 막아 줄 수도 없다. 100퍼센트 효과적이라 할 수 없다는 뜻이지만, 아예 처리를 하지 않은 물보다는 낫다.

237 올바르게 증류하기

원칙적으로 증류는 물을 끓이고 농축된 증기를 모으는 간단한 방법이다. 증류 실험 장비나 시판용 증류기가 없다면, 큰 냄비와 파라코드, 머그잔으로 해결할 수 있다.

1단계 냄비에 물을 반 정도 채운다.

2단계 그림과 같이 냄비 뚜껑을 거꾸로 닫았을 때 가운데 손잡이에 컵이 매달릴 수 있도록 파라코드를 이용해 달아 준다. 컵이 물에 닿지 않도록 길이를 조절한다. 가능하면 뒤집힌 뚜껑의 오목한 부분에 얼음을 넣어 증류 속도를 높여 준다.

3단계 물을 20분 정도 끓인다.

4단계 조심스럽게 뚜껑을 들어올린다. 컵에 고인 물은 증류가 된 물이니 안심하고 마셔도 된다.

238 스테리펜 사용하기

앞서 말한 바와 같이 기본적인 정수 방법은 안전하지만 휴대가 힘들거나 빠르지 않거나 전지를 사용해야 하는 경우가 많다. 특히 이동 시 액체 표백제나 스토브를 가지고 다닐 수도 없고, 햇볕을 이용할 수도 없는 경우에 문제가 된다. 이동할 때 고려할 수 있는 정수 방법은 몇 가지뿐인데, 그중 스테리펜이 가장 적절하다. 스테리펜은 소형 UV 살균기로 물을 정수하는데, 박테리아, 바이러스는 물론이고 편모충, 와포자충과 같은 원생동물 포낭을 99.9퍼센트 이상 파괴한다. 재난용으로는 AA건전지를 사용하는 모델을 추천한다. 구하기 쉽고 저렴하며 충전해서 사용하는 모델보다 편하다. 알카라인 건전지로는 50리터까지, AA 리튬 전지로는 150리터까지 정수할 수 있다. 스테리펜은 한 번에 1리터의 물을 정수할 수 있는데, 우선 물의 불순물을 필터로 제거하고, 스테리펜을 물속에 넣어 약 90초간 저으면 된다. 스테리펜에 완료 메시지가 뜨면 물은 마실 수 있게 정수된 상태이다.

239 생리 식염수 만들기

생리 식염수는 살균제, 소독제, 구강 청결제로 쓰인다. 요오드가 들어 있지 않은 소금을 이용해 만들어야 한다. 암염이나 바다 소금은 생리 식염수용으로 적합하지 않다. 가능하면 수돗물보다 증류수나 정수된 물을 사용한다. 집에서 직접 만든 생리 식염수는 단 하루만 쓸 수 있기 때문에 필요할 때마다 적정량을 만들어 사용하는 것이 좋다.

1단계 생리 식염수를 담을 용기와 뚜껑을 끓는 물에 15분 정도 담가 소독한다.

2단계 불을 끄고 물이 식을 때까지 15~30분 정도 가만히 둔다.

3단계 용기 내부나 뚜껑, 입구를 만지지 않고 조심스럽게 꺼낸다.

4단계 증류수나 정수된 물 1리터를 끓이고 소금을 9그램 넣는다.

5단계 뚜껑을 닫고 15분 동안 끓인 후 식힌다.

6단계 용기에 만든 날짜와 시간을 쓴 라벨을 붙인다. 하루가 지나면 버린다.

240 표백제로 살균하기

장기간의 재난 상황, 또는 범유행성 전염병이 돌 때에는 재사용할 물품과 장비를 소독할 수 있는 여건이 매우 좋지 않을 것이다. 소독하는 방법 중 하나는 염기 강도가 5퍼센트인 염소 표백제를 1:100으로 희석하여 사용하는 것이다. 양을 가늠하기 힘들다면, 컵 한 개과 양동이 두 개를 이용하면 된다.

1단계 한 양동이에는 1:10, 다른 양동이에는 1:100이라고 큼지막하게 쓴다.

2단계 1:10 양동이에 9컵(2L)의 물을 붓는다.

3단계 1컵(200mL)의 표백제를 조심스럽게 물에 부어 희석한다. 이제 1:10 희석 표백제를 만들었다. 다른 일반적인 표백제와 마찬가지로, 1:10 표백제는 부식성 액체이므로 뚜껑을 덮어 안전한 곳에 보관한다.

4단계 1:100 양동이에는 9컵(2L)의 물을 붓고, 1:10 표백제 1컵(200mL)을 붓는다. 그러면 1:100 희석 표백제가 만들어진다.

이 희석된 표백제로 많은 것을 소독할 수 있다. 24시간이 지나면 효과가 사라지기 때문에, 당일 내로 사용해야 한다. 염소 냄새가 더 이상 나지 않는 것은 효과가 없는 것이니 버린다.

살균 대상	희석 비율	담그는 시간	주의 사항
장갑		1분	살균 후 물로 헹군다.
체온계		10분	자연 건조한다.
청진기		——	희석 표백제를 적신 천으로 닦는다.
가정용품	1:100	——	비누와 물을 이용해 세척한 후 희석 표백제에 헹구고 자연 건조한다.
전염성 폐기물		15분	희석한 표백제를 적신 천으로 제거한 후 비누와 물을 이용해 세척한다.
단단한 표면 (탁자, 싱크대, 벽, 바닥)		——	비누와 물을 이용해 닦은 후 희석 표백제로 닦는다.
세탁물		30분	희석 표백제에 담근 후 꺼낸 세탁물을 밤새 비눗물에 담가 둔다.
주요 전염성 폐기물	1:10	15분	병원균이 의심된다면 고농도의 살균제를 이용한다.

241

진흙탕에서 빠져나오기

홍수가 일어났을 때에는 길에 토사와 진흙이 쌓여 있어 운전하기가 힘들고, 바퀴가 빠질 위험이 크다. 차량이 진흙탕에 빠지면 차축이 잠겨서 움직이지 않게 된다. 사전에 준비가 되어 있더라도, 차량을 빼내는 일은 많은 시간과 큰 노력이 필요하다. 다시 차량을 움직이게 할 방법들을 소개한다.

시동 끄기 바퀴가 계속 돌아가면 더 깊이 빠지게 된다. 또한 바퀴 아래에 단단한 파편들이 낄 수 있다.

차를 흔들리게 하기 후진과 전진 기어를 계속 오가며 차를 흔들리게 한다. 차가 빠져나오기 위한 충분한 정지 마찰력을 갖게 될 것이다. 여러 번 반복한다.

구덩이 파기 가지고 있는 도구를 총동원하여 각 바퀴 앞을 파서 진흙 구덩이를 만든다. 각 구덩이 앞쪽을 살짝 위로 올라가도록 만들고 부드럽게 운전을 하면 구덩이의 오르막을 타고 차가 빠질 수 있다.

견인력 갖추기 차량 내부와 주변을 살펴 튼튼한 나뭇가지, 자갈, 담요, 차량 바닥용 매트 등 가능한 것을 바퀴 앞쪽에 깐다. 부드럽게 운전하여 깔아 둔 물건들을 밟고 단단한 땅을 향한다.

움직이기 차량이 진흙탕에서 빠져나오면 멈추지 말고 계속해서 단단한 땅까지 움직이도록 한다.

242 급류 건너기

휘몰아치는 급류를 건너는 일은 매우 위험하지만, 기본적인 삼각 기하학을 적용하면 안전하게 건널 수 있다. 도움을 줄 사람이 두 명 있고 세 명 모두를 연결하는, 하천 폭두 배 정도 길이의 튼튼한 고리 모양 밧줄이 있다면 물속에서 발이 닿지 않더라도 가능하다. 건너편에 잘 도착하면 밧줄을 양쪽으로 안전하게 펼쳐 다음 사람이 건널 수 있도록 한다. 마지막 사람이 건널 준비가 되었다면, 물속으로 들어가게 하고 건너편의 두 사람이 잡아당겨 준다. 안전하게 건너기 위한 몇 가지 주의사항이 있다. 흐르는 물을 건널 때는 상류로 향한 채로 건넌다. 발을 보호하고 미끄러지지 않기 위해 신발을 꼭 착용하고, 발을 들지 말고 바닥을 끌며 걸어야 한다. 여건이 좋지 않아 보이면 주저하지 말고 다른 곳을 선택하여 건넌다.

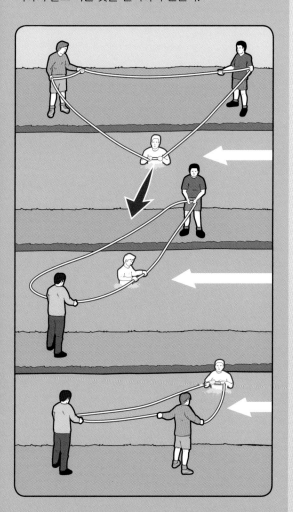

243 홍수 피해 복구하기

홍수 경보가 해제되면, 집으로 돌아와 손상 여부 및 피해 정도를 파악해야 한다. 홍수 피해를 입은 집은 물이 다 빠져나간 후라도 위험 요소들이 많이 있다. 아래의 기본적인 가이드라인을 따라 안전하게 복구하자.

안정성 확인 문이 틀에 끼어 있거나 바닥, 지붕이 손상되어 보인다면 전문가가 안정성을 확인한 후에 들어가도록 한다.

환기 안전해 보인다면, 집으로 들어가 먼저 모든 문과 창문을 열어 환기시킨다. 선풍기나 환풍기, 제습기 등을 이용하여 내부의 습기를 제거한다.

가스 누출 확인 가스 냄새가 강하게 나거나 쉭, 쉬하는 소리가 들린다면 문과 창문을 열어 둔 채로 즉시 집 밖으로 대피한다. 가스 공급관을 차단하고 외부에서 기다린다. 소방서나 가스 회사에 연락하여 누출을 확인하고 해결한 후에 집으로 들어간다.

신중하게 전원 켜기 바닥이 젖어 있다면 나무 막대기나 고무 소재의 매트 등의 절연 물체를 이용하여 전력 차단기나 두꺼비집을 내리도록 한다. 전기 기술자를 불러 물이 닿았던 모든 전기, 전동 제품들을 확인한 후 전원을 켜도록 한다.

처진 곳 확인 지붕이나 바닥에 처진 곳이 있는지 확인한다. 물이 지붕이나 바닥에 고여 있을 수 있으므로 그 아래나 위를 걷는 것은 위험할 수 있다.

244 풍력 등급과 피해 정도

'사피어-심프슨 허리케인 등급'은 강풍의 강도와 손상 가능성 정도를 밝히는 분류 체계이다. 태풍이 오기 전에 사용하는 개념은 '열대성 저기압'과 '열대 폭풍우'가 있다. 열대성 저기압은 최대 풍속이 시속 61킬로미터, 열대 폭풍우의 강풍 속도는 시속 63-117킬로미터이다.

등급	풍속	파고	피해 양상
1	시속 119-153km	1.2-1.5m	**미미한 피해** : 잘 건축된 구조물은 지붕, 지붕널, 비닐 벽, 판자, 홈통에 피해를 입을 수 있다. 나무의 큰 가지들이 꺾이고, 뿌리가 얕은 나무들은 쓰러지기도 한다. 송전선과 전신주가 손상되면 며칠 동안 정전이 발생할 수 있다.
2	시속 155-177km	1.8-2.4m	**확장된 피해** : 잘 건축된 구조물은 지붕이나 외벽이 파손될 수 있다. 얕은 뿌리 나무들은 꺾이거나 뿌리째 뽑혀 길을 막기도 한다. 전력의 완전한 손실이 예상되고, 정전이 며칠 동안 발생한다.
3	시속 179-208km	2.7-3.7m	**심각한 피해** : 잘 지어진 집도 파손되고 지붕 판이나 박공이 날아가기도 하며 담장이 파손될 수 있다. 나무가 꺾이고 뽑혀 도로를 막기도 하고 며칠 또는 몇 주 동안의 정전과 단수가 예상된다.
4	시속 209-251km	4-5.5m	**엄청난 피해** : 잘 지어진 집도 심각하게 파손될 수 있고 외벽, 담장이 크게 피해를 입고 지붕이 완전히 날아가기도 한다. 대부분의 나무가 꺾이고 뽑혀 도로를 막을 것이며 전신주가 파손될 것이다. 나무와 전신주로 인해 봉쇄된 주택가에서는 고립의 가능성이 있다. 정전은 몇 주 또는 몇 달 동안 지속될 수 있고 대부분의 피해 지역이 몇 주 또는 몇 달 동안 거주할 수 없는 곳이 될 것이다.
5	시속 253km 이상	5.8m 이상	**대재앙 피해** : 대부분의 주거지와 건물이 파괴되고, 지붕이 완전히 날아가고 외벽이 붕괴된다. 주택가는 쓰러진 나무와 전신주로 인해 고립된다. 정전은 몇 주 또는 몇 달 동안 지속될 수 있고 대부분의 피해 지역이 몇 주 또는 몇 달 동안 거주할 수 없는 곳이 될 것이다.

245 태풍에 대비한다

태풍이 오기 전에 적절한 행동을 취하면, 손상과 위험 정도를 줄일 수 있다.

나무 손질 근처에 있는 나무의 병든 가지나 손상된 부분을 제거한다. 강풍에 날아와 집에 손상을 줄 수 있는 위치의 가지나 떨어진 나뭇가지들도 치워 놓는다.

셔터 설치 창문이나 문 밖에 태풍으로 인한 손상을 막기 위한 셔터를 설치하면 창문과 문을 보호할 수 있다.

귀중품 보관 안전한 보관용 박스나 금고, 방수가 되는 곳에 중요한 서류와 귀중품을 보관한다. 중요 문서는 반드시 사본을 따로 보관하도록 한다.

응급용품 구입 태풍이 오면 많은 구급품들이 빠르게 매진된다. 필요한 물품들은 사전에 구입하여 보관한다.

차고 관리 손상된 차고의 문이 집을 파괴할 수도 있다. 차고 문은 단단하게 강화하고 필요시엔 교체해 둔다.

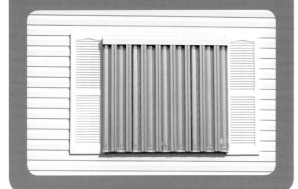

246 태풍에 대응한다

태풍 경보가 발령되면, 강풍에 대비해야 한다. 해야 할 일들 몇 가지를 소개한다.

먼저, 대피할 장소를 마련한다. 차량의 연료는 가득 채워 두고, 모든 비상 가방과 다른 구급품들을 차에 실어 둔다. 대피 계획을 다시 한 번 훑어보고, 닥치기 전에 떠나는 것을 고려해 보자. 대피하기에 앞서 전기, 가스, 수도를 차단하고 프로판 가스 탱크도 공식적인 응급 대처법대로 차단한다.

그 다음, 집을 정비한다. 마당을 확인하여 바람에 날려 집을 손상시키거나 사람을 해칠 수 있는 것들을 제거한다. 창문은 셔터를 달아 보호하거나 12밀리미터짜리 선박용 합판으로 막아 둔다. 집 내부의 모든 문은 닫고, 출입문은 안전하게 닫아 쇠를 걸어 둔다. 식수용 물을 구비하고, 욕조, 싱크대, 여러 개의 병에 깨끗한 물을 받아 둔다. 범람 지역에 거주하고 있다면, 홍수에도 대비한다.

247 태풍의 눈을 경계한다

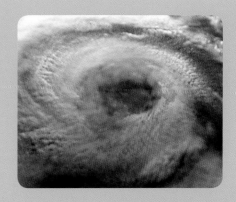

태풍의 중심에는 '태풍의 눈'이라 불리는, 상대적으로 기상이 안정된 지대가 있는데 마치 태풍이 끝났다는 오해를 불러올 수도 있다. 그러나 종종 태풍의 눈이 지나간 다음에 최악의 태풍이 오기도 하고, 처음과 반대 방향으로 바람이 불기도 한다. 첫 태풍으로 인해 손상된 나무나 건물 등이 두 번째 태풍으로 인해 더 심하게 손상되거나 파괴되기도 한다. 반대로 부는 바람은 갑자기 일어나 피난처에서 나온 사람들에게 예상치 못한 피해를 주기도 한다.

248 토네이도의 징후

그저 수평선 위에 뜬 구름의 형태인지, 아니면 치명적인 토네이도의 징후인지 구분할 수 있는가? 토네이도의 몇 가지 징후를 알아보도록 한다.

수퍼셀 대기 충돌로 인해 대기가 크고 맹렬하게 회전하게 되는데, 이것을 수퍼셀이라고 한다. 가장자리가 두꺼운 컬리플라워 모양의 적란운 형태이다. 이것은 위험한 형태로 내부의 바람이 시속 274킬로미터의 속도로 분다.

구름벽 고리 모양의 구름 덩어리로 가장자리가 선명하고 두꺼워 벽의 형태를 띤다.

녹색 빛 옅은 녹색 빛이 하늘에 비치면 토네이도가 형체를 갖추기 시작했다는 뜻이다.

우박 토네이도는 우박을 생성하는 부분 가까이에서 종종 일어난다.

깔때기 구름 다른 구름의 밑부분에서 뻗어 나와 지상으로 이어지는 구름으로, 주변으로 강풍이 소용돌이치며 바늘 형태를 띤다. 깔때기 구름이 착륙하면서 토네이도가 된다. 다행히도, 대부분의 깔때기 구름은 착륙하지 않는다.

이상한 소리 기차나 폭포 소리와 유사한 소리가 들린다면 토네이도의 징후일 수 있다. 기압으로 인해 귀에서 펑 하는 소리가 들린다면, 위험 신호일 가능성이 높다.

249 토네이도의 경로를 파악한다

길에서 토네이도를 바라보고 있는 상황이라면, 보통 왼쪽으로 움직여야 할지 오른쪽으로 움직여야 할지 알 수 있을 것이다. 하지만 만약 토네이도가 한자리에 머물고 있다면 소용돌이가 이쪽으로 올 것인지 다른 쪽으로 갈 것인지 알기 힘들다. 확신하기 힘들면 이쪽으로 올 것이라고 가정하고 서 있는 곳에서 재빨리 벗어나도록 한다. 토네이도는 보통 남서쪽에서 북동쪽으로 움직이므로, 나침반이나 차량의 내비게이션을 이용해 같은 방향으로 이동하지 않도록 한다. 운전 중에 토네이도를 발견하면 토네이도가 움직이는 방향과 직각인 방향으로 운전하라. 토네이도를 향해 곧장 차를 모는 것은 매우 위험하다. 운이 좋으면 토네이도의 속도가 믿을 수 없을 정도로 빨라서 차를 앞질러 가 버리기도 한다.

250 토네이도에서 살아남기

토네이도는 아래로 착륙할 가능성이 있어 어떤 곳에 머무르고 얼마만큼의 피해를 줄지 가늠하기 힘들다. 토네이도가 착륙했다고 가정했을 때, 안전할 수 있는 방법을 소개한다.

	집	차량	야외
토네이도 주의보 (발생 가능 위험)	● 필요한 물품들을 모은다. ● 위험 요소들을 제거한다. ● 관련 세부 사항을 방송을 통해 모니터한다. ● 지역의 날씨 정보와 수퍼셀 징후를 살핀다. ● 지인이나 가족의 상황을 파악하고 계획과 현재 위치 등의 정보를 교환한다.	● 비포장도로, 뒷길이나 익숙하지 않은 곳으로 가지 않는다. ● 집이나 근처에 준비된 대피소로 향한다. 기상이 악화되면 주차하여 좋아질 때까지 대기한다. ● 다른 차량이나 오토바이 운전자들에게 혼란을 줄 수 있으니 비상등 이용을 삼간다. ● 방송을 통해 상황을 확인한다.	● 캠핑 중이라면, 안전한 장소로의 대피를 고려한다. ● 남서쪽 하늘을 관찰하여 토네이도 징후가 있는지 살핀다. ● 도구들을 차 안에 보관한다. ● 가족에게 연락을 취해 현재 상황과 위치 정보를 전달한다.
토네이도 경보 (임박한 위협)	● 창문에서 멀리 떨어지고 문과 창문을 열지 않는다. ● 내부의 방, 지하실로 이동하거나 대피용 지하실이 있다면 그곳으로 대피한다. ● 무거운 작업대나 탁자 등 튼튼한 가구 아래로 들어가 꽉 붙든다. ● 이동 주택 거주자라면, 대피소나 다른 튼튼한 건물 안으로 대피한다.	● 도로를 벗어나 토네이도의 경로를 파악한다. ● 깔때기 모양을 발견하면 토네이도의 방향을 알 수 있다. ● 토네이도의 경로 위에 있다면, 즉시 직각 방향으로 운전하여 벗어나도록 한다. ● 가능하면 튼튼한 건물이나 대피소로 안전하게 대피한다.	● 가능하면 튼튼한 건물의 지하실로 대피한다. ● 저지대로 운전하여 토네이도로부터 벗어난다. ● 토네이도의 경로 위에 있다면, 소용돌이를 피해 골짜기 안으로 빠르게 이동한다. ● 날아다니는 파편을 피해 몸을 낮춘다.
토네이도 특보 (착륙)	● 지하실이나 대피소가 아니라면, 욕조 안이나 바닥이 완전히 고정된 것 아래로 숨는다. ● 매트리스를 위로 덮어 파편이나 떨어지는 것으로부터 몸을 보호한다. ● 다른 사람들과 팔짱을 낀다. ● 몸을 낮춘 상태를 유지하고 토네이도를 보거나 사진을 찍으려는 시도를 하지 않는다.	● 차량에서 빠져나온다. ● 배수로 같은 저지대를 찾아 몸을 완전히 엎드린 후 양손을 머리 뒤로 단단하게 깍지를 낀다. ● 고가도로 아래로 가지 않는다. 날아오는 파편의 위험이 더 큰 장소이다. ● 바위가 있다면 양손을 머리 뒤로 잡고 토네이도의 반대 방향 쪽 바위 뒤에 납작 엎드린다.	● 위를 올려다보려고 하지 않는다. 머리가 바닥에 붙도록 납작하게 엎드린다. ● 저지대에서 토네이도가 완전히 지나갈 때까지 양손으로 머리를 보호한다. ● 단단한 바위를 찾아 뒤에 숨어 몸을 숙인다.

사 전 준 비

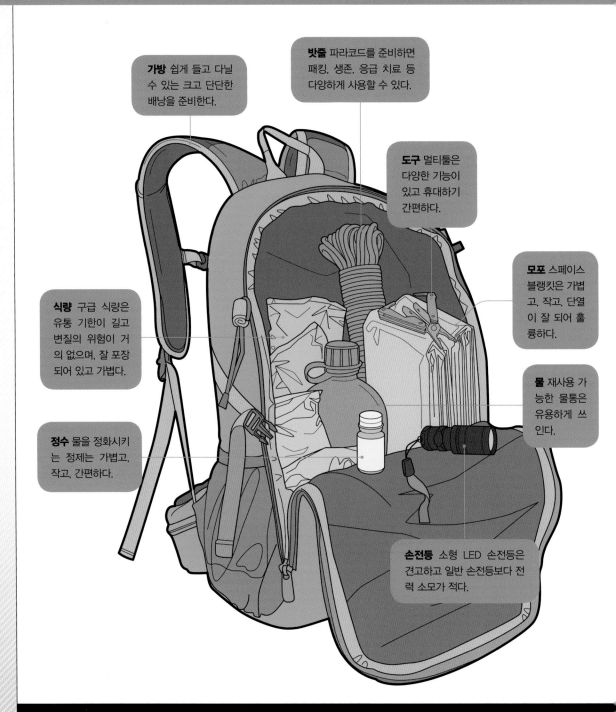

빗줄 파라코드를 준비하면 패킹, 생존, 응급 치료 등 다양하게 사용할 수 있다.

가방 쉽게 들고 다닐 수 있는 크고 단단한 배낭을 준비한다.

도구 멀티툴은 다양한 기능이 있고 휴대하기 간편하다.

모포 스페이스 블랭킷은 가볍고, 작고, 단열이 잘 되어 훌륭하다.

식량 구급 식량은 유통 기한이 길고 변질의 위험이 거의 없으며, 잘 포장되어 있고 가볍다.

물 재사용 가능한 물통은 유용하게 쓰인다.

정수 물을 정화시키는 정제는 가볍고, 작고, 간편하다.

손전등 소형 LED 손전등은 견고하고 일반 손전등보다 전력 소모가 적다.

상 가방에 넣어야 할지 살펴보자. 불시의 상황에 처했거나 비상 가방이 없다면 주변을 뒤져 즉흥적으로 비상 가방을 꾸려 보자.

즉 석 준 비

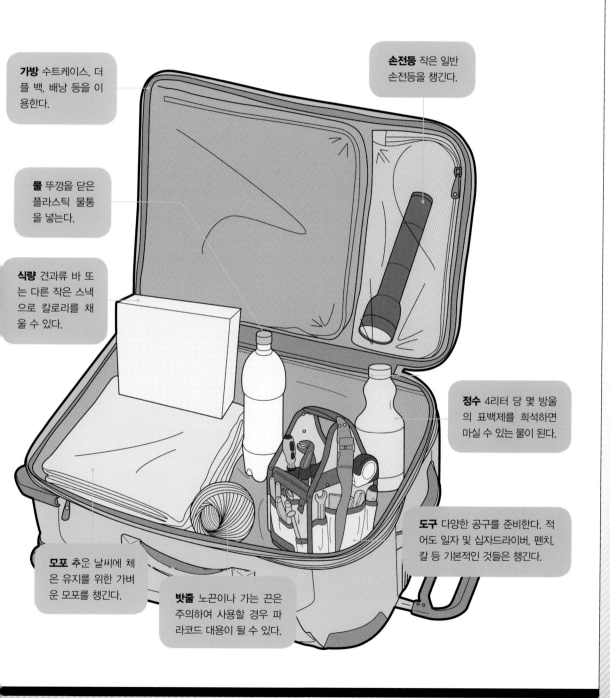

가방 수트케이스, 더플 백, 배낭 등을 이용한다.

물 뚜껑을 닫은 플라스틱 물통을 넣는다.

식량 견과류 바 또는 다른 작은 스낵으로 칼로리를 채울 수 있다.

손전등 작은 일반 손전등을 챙긴다.

정수 4리터 당 몇 방울의 표백제를 희석하면 마실 수 있는 물이 된다.

도구 다양한 공구를 준비한다. 적어도 일자 및 십자드라이버, 펜치, 칼 등 기본적인 것들은 챙긴다.

모포 추운 날씨에 체온 유지를 위한 가벼운 모포를 챙긴다.

밧줄 노끈이나 가는 끈은 주의하여 사용할 경우 파라코드 대용이 될 수 있다.

252 눈에 갇힌 차에서 살아남기

눈보라 속에 갇혀 있다면, 차량은 바람과 눈으로부터 당신을 보호해 주고 구조대가 발견하기 쉽게 해 준다. 하지만 단열이 되지 않아 냉동고처럼 느껴질 것이다. 다행히도 눈 자체에 단열 효과가 있어 차량 내부에 머물면 온기를 유지할 수 있다.

그 자리에 머무르기 구조대가 잘 발견할 만한 곳에 차량을 두고 그 자리에 머무른다. 건물 등 더 나은 대피 공간을 찾았을 때만 차량에서 나온다.

구조 신호 보내기 핸드폰의 신호를 확인하고 전화를 걸거나, 문자, 소셜 미디어 등을 이용해 눈 속에서 발이 묶였음을 알린다. 외딴 지역이라면, 근처 탁 트인 곳에 정자체로 크게 HELP 또는 SOS라고 표시하여 구조 신호를 보낸다. 글자는 돌멩이나 나뭇가지 등으로 만들어 하늘에서도 보이도록 한다.

눈에 띄게 하기 밝은 색의 옷이나 천을 차량의 안테나 또는 지붕에 매어 둔다. 눈에 덮이지 않는지, 잘 매여 있는지 수시로 확인한다. 차량에 쌓인 눈은 지속적으로 치워 하늘에서 눈과는 다른 차량의 색을 발견할 수 있게 한다.

쌓인 눈 처리하기 평상시 삽을 트렁크에 보관해 둔다. 차량 주위에 30센티미터 정도의 눈만 쌓여도 차량은 동굴처럼 되어 버릴 것이다.

온기 유지하기 다른 탑승자들과 붙어 앉아 체온을 나누고 소지한 모든 옷과 담요 등을 활용하여 몸을 덮는다. 히터는 연료를 생각하여 약하게 틀도록 한다. 배기관에 쌓이는 눈을 주기적으로 치워 일산화탄소 중독이 되지 않도록 한다. 양초를 소지하고 있다면, 하나 켜 두는 것도 좋다. 놀라울 만큼의 온기를 느낄 수 있을 것이다.

움직이기 원활한 혈액 순환을 위해 차량 내부에서도 자주 몸을 움직인다.

배급하기 음식, 물, 연료, 배터리를 잘 조절하여 섭취 및 사용한다. 얼마나 오랫동안 갇혀 있을지 모르니 대비해야 한다.

보초 서기 수면은 돌아가면서 취한다. 극심한 추위 속에서 잠드는 것은 위험할 수 있다. 적어도 한 명은 깨어 있어 구조대나 지나가는 다른 차량, 행인 등을 살펴보자.

253 눈보라에서 살아남기

눈보라가 치면, 안전한 장소인 집에 머무르는 것이 최선이다. 눈이 많이 내리는 지역에 살고 있다면 매일 일기예보를 확인하는 습관을 기르도록 한다. 폭설과 눈보라 예보가 있으면 미리 식량과 물품들을 구비해 두고 중요한 물품들은 여유 있게 구입해 둔다.

비축 겨울 대피용 생존 키트가 필수품들로 잘 꾸려져 있는지 확인하고, 여분의 담요, 침낭, 두꺼운 코트나 따뜻한 옷을 준비해 둔다. 모래, 암염, 쌓인 눈을 처리할 삽을 구비한다. 전력을 필요로 하지 않는 보드 게임 등 즐길 수 있는 것들을 구입해 두는 것도 좋다.

수도 관리 극심한 추위는 수도관을 얼게 한다. 수도가 얼면 식수 공급도 어렵고 화장실도 이용할 수가 없다. 얼지 않는 곳에 여분의 물을 받아 두거나 저장해 두고 헌 옷 등으로 수도 계량기와 수도관을 감싸고 상시 확인한다.

방한 준비 겨울을 더 잘 극복할 수 있는 집으로 만들어 보자. 창문 쪽에 두꺼운 커튼을 달아 두면 추가적인 단열이 된다. 낮에는 커튼이나 블라인드를 열어 두어 햇볕이 들어오게 해 집을 따뜻하게 하고, 밤에는 온기를 유지하기 위해 닫아 둔다.

온기 유지 벽난로나 화목 난로를 위한 연료를 저장해 둔다. 최대한 온기를 유지하기 위해 창문이 없는 작은 방에 옹기종기 모여 있도록 한다. 사용하지 않는 모든 방의 문은 닫아 두어 난방 효과를 높인다.

건조 상태 유지 외출 후에는 젖은 옷을 가능한 한 빨리 갈아입는다. 젖은 옷은 체온을 떨어뜨리고 단열 효과를 잃어 동상이나 저체온증을 일으킬 수 있다(105번 항목 참조).

254 눈 냉장고 만들기

폭설로 인해 정전이 되었을 때 걱정하지 않아도 될 것은 냉장고 속 음식들의 보관 문제이다. 삽, 방한용 신발, 아이스박스나 동물들의 습격을 막을 만한 뚜껑이 있는 튼튼한 박스만 있으면 된다.

1단계 쌓인 눈을 퍼내어 구덩이를 만들거나 상자 주변에 30센티미터 정도 눈을 쌓아 올린다.

2단계 상하기 쉬운 식재류들을 각각 비닐 봉투에 담아 냄새가 새어 나오지 않도록 밀봉한 후 상자 속에 넣는다. 냄새가 나면 동물들의 표적이 된다.

3단계 식재료를 다 넣고 나면 뚜껑을 닫거나 박스를 완전히 밀봉한다. 뚜껑과 상자 사이 틈이 있는 곳은 눈으로 덮어 온도가 잘 유지되도록 한다. 이제 훌륭한 간이 냉장고가 완성되었다.

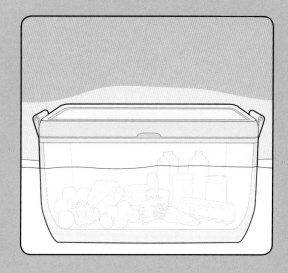

255 지진에서 살아남기

지진이 일어났을 때는 지진을 견딜 만큼 안전한 장소로 이동하는 것이 최우선이지만, 발생 시 머물고 있었던 장소에 따라 무엇을 해야 할지가 정해진다.

지진이 일어나기 시작할 때 건물 등의 내부에 머물고 있다면, 웅크린 자세로 몸을 숙이고 팔로 머리와 목을 감싼다. 떨어지는 것으로부터 다칠 위험을 막기 위해 튼튼한 책상이나 식탁 등의 아래로 이동한다. 유리, 창문, 출입문, 벽, 선반이나 가구와는 멀리 떨어져 있어야 한다. 지진이 멈출 때까지 기다리고 내부에 그대로 머물자. 출입문 근처는 떨어지거나 날아오는 물체로부터 안전하지 않다.

자고 있는 동안 지진이 일어났다면, 침대에 그대로 머물면서 머리와 목을 베개로 감싼다. 불이 꺼진 상태에서 이동하면 파편이나 위험한 물체를 구분하기 힘들기 때문에 침대에 머무는 것보다 더 큰 부상을 입을 수 있고, 움직이는 것이 얼마만큼 안전한지도 판단하기 힘들 것이다.

외부에 있다면, 가능한 한 공터나 개방된 곳으로 이동하고, 건물, 신호등, 전선으로부터 멀리 떨어진다. 밀집된 도시 지역은 빠르게 근처 건물로 들어가면 되므로 떨어지는 파편으로부터 덜 위험하다. 안전한 장소를 찾으면, 웅크리고 앉아 머리를 보호하며 지진이 멈출 때까지 기다린다.

운전 중에 지진이 발생하면, 즉시 안전하게 차를 멈춘다. 차량 내부에 머물되, 건물이나 나무, 고가 도로, 전선 근처나 아래에는 주차하지 않는다. 지진이 멈추고 난 후에도 조심스럽게 운전을 해야 하며, 여진에 주의한다. 고가 도로나 다리, 경사로는 지진으로 파손되었을 가능성이 있으므로 가지 않는다.

256 잔해 아래에서 살아남기

"지진은 사람을 죽이지 않는다, 건물이 죽인다."라는 말도 있듯, 지진으로 인해 잔해 아래에 매몰되거나 붕괴된 구조물 아래에 깔리는 큰 위험에 빠질 수가 있다. 지진에서 살아남았으나 결국 갇혀 버리게 된다면, 구조대가 오기 전까지 제한된 공간과 자원 속에서 살아남기 위해 노력해야만 할 것이다. 생존 확률을 높이기 위한 중요한 팁이 몇 가지 있다.

연락하기 핸드폰을 소지하고 있다면, 전화를 걸거나 문자를 보내거나 소셜 미디어를 통해 상황을 알린다. 모든 것이 작동하지 않는다면, 그 지역이 통신 불능 상태라는 뜻이다. 그러면 전원을 꺼서 배터리를 아끼고, 매 시간마다 켜서 연결이 되는지 확인한다.

불 켜지 않기 성냥이나 라이터를 켜서 당신이 있는 곳을 확인하려고 하지 않는다. 가스가 누출되었을 수 있으므로 폭발의 위험이 있다.

숨쉬기 붕괴로 인해 많은 먼지가 일어났을 것이다. 입과 코를 옷으로 막고, 먼지를 더 일으키지 않기 위해 움직임을 최소화한다. 많이 움직일수록 숨쉬기가 힘들어질 것이다.

구조 신호 보내기 파이프를 두드리거나 벽을 쳐서 구조 신호를 보낼 수 있다. 호루라기를 소지하고 있다면, 좋은 구조 신호가 될 것이다. 쉽게 지칠 수 있으므로 소리치거나 말을 많이 하지 않도록 한다.

아껴 쓰기 식량이나 음료를 소지하고 있거나 접근 가능한 곳에 먹을거리가 있다면, 아껴서 섭취한다. 얼마만큼 버텨야 할지 모르기 때문에 최소한으로 섭취하고 잘 배분한다.

257 뇌진탕 환자 돕기

뇌진탕은 흔한 두부외상으로 자동차 사고, 운동, 낙상, 떨어지는 사물에 의한 타격 등 다양한 원인에 의해 일어난다. 부상자를 발견하면 두부외상으로 인한 출혈이 있는지부터 확인한다. 출혈이 있다면, 부상 부위를 붕대로 감는다. 혹이 생기거나 국부적인 부종은 뇌진탕의 흔한 증상이다. 경미한 상처만으로도 출혈이 일어날 수 있기 때문에 출혈이나 혹 등 육안으로 확인 가능한 외상은 심각성을 가늠할 기준이 되지 않는다. 대신, 다음의 증상을 살피도록 한다.

- 균형 감각 상실 또는 현기증
- 착란 또는 잠시 동안의 의식 불명
- 졸림 또는 나른함
- 복시 또는 흐릿한 시야
- 두통
- 메스꺼움 또는 구토 증상
- 빛과 소리에 민감한 반응

부상자는 눕히고 쉴 수 있도록 한다. 차가운 것(냉동 콩이나 얼음을 수건으로 감싼 것, 아이스 팩 등)을 머리에 올려 두고, 차도가 있는지를 24시간 동안 관찰한다. 증상이 사라지지 않거나, 더 악화되거나, 불분명한 발음, 발작, 오랜 시간의 의식 불명, 귀나 코에서 피 또는 맑은 액체가 나오는 등 다른 심각한 증상이 나타난다면 구급차를 부르고 즉시 치료를 받도록 한다.

258 지진 해일의 징후

지진 해일(쓰나미)은 심해 속에서 시속 900킬로미터 이상으로 움직여 하루도 채 안 되는 시간 동안 대양을 가로지를 수 있다. 얕은 물에서도 속도는 느려지지 않고, 사실상 더 빨라진다. 다음 징후들 중 하나라도 보이면 높은 곳으로 올라가도록 하고, 그 이상의 징후가 나타날 때까지 기다리거나 공식 경고를 기다리지 말자. 지진 해일이 내륙에 도착하기 전에 경고를 보낼 시간이 충분하지 않을 것이다.

진동 확인 해안 지대의 지진은 큰 의미가 있는 경고 신호이다. 지진의 징후나 진동을 느끼면, 즉시 높은 곳을 찾도록 한다. 미진이 다른 곳에서 일어나면, 기상청의 경보 발표를 수시로 확인하도록 한다.

바다의 소리 확인 파도가 으르렁거리는 소리를 내고 있다면, 지진 해일이 곧 도착한다는 뜻이다.

바닷물 확인 지진 해일이 땅에 도착하기 직전에는 해안가의 물이 물러나기 시작한다. 평소에 잠겨 있던 곳이 드러나며 바닷물이 싹 빠진다면, 지진 해일이 들이닥치기까지 몇 분 정도밖에 남지 않았다는 뜻이다.

259 충격에 대비한다

지진 해일을 일으키는 것은 지진뿐만이 아니다. 화산 활동, 대규모 산사태, 유성 충돌 등이 모두 지진 해일을 일으킬 수 있다. 가장 큰 지진 해일은 30미터 높이로, 안전을 위해서는 적어도 해수면으로부터 30미터 이상인 높은 곳으로 이동해야 한다. 해안가에 머무를 때엔 큰 파도로 인한 응급 상황 시 어디로 이동해야 하는지를 미리 생각하고 찾아놓도록 한다.

지진 해일은 연속된 파도로, 첫 번째 오는 것이 가장 위험한 것이 아닐 수도 있다. 몇 시간 동안 계속되면서, 5분~1시간 간격으로 여러 곳에서 동시다발적으로 일어난다. 지진 해일은 바다와 연결된 강의 상류로 이동하기도 하므로, 지진 해일 경보 중에는 인접한 강이나 시내 근처로 이동하지 말고 높은 곳으로 대피한다. 해안에서 3킬로미터 이내에 있다면 높은 곳으로 이동하라.

해안 지역에서는 항상 상황 인식을 하여 높은 곳과 대피로를 인지해 두도록 한다. 지진 해일 대피로가 있다면 그걸 따라 이동하거나, 가능한 한 빠르게 내륙 방향 또는 높은 언덕 위로 움직이는 계획을 세워 둔다. 지진 해일이 완전히 사라지기 전까지는 높은 곳에서 내려오지 않는다.

생명 안전 앱
기상 정보

기상 정보용 라디오 수신기를 응급 키트에 포함시키면 좋지만, 기상 정보 라디오 앱을 스마트폰에 깔아 두는 것도 훌륭한 비상책이다. 휴대하기 간편한 스마트폰을 통해서 모든 기상 정보를 접할 수 있다. 소형 선박을 위한 기상 주의보부터 해안 지역의 경보까지, 많은 정보를 제공하는 다양한 앱이 존재하며, 어떤 앱은 무료로 제공되고 어떤 앱은 유료지만 광고를 포함하지 않고 더 많은 정보를 제공하기도 한다.

대한민국 기상청에서 제공하는 공식 앱은 없지만, 그곳에서 제공하는 정보를 모으고 선택하여 지원하는 앱은 여러 가지가 있다. 기상청은 앱과 비슷한 형태의 모바일 전용 인터페이스를 통해 기상 정보와 일기예보, 기상 특보 등을 제공한다. 영어, 일본어, 중국어로도 정보를 제공한다.

다양한 앱이 있으니, 가장 유용한 정보를 얻을 수 있는 앱을 설치해 두도록 한다.

260 화산의 위험성

영화 속에서는 화산 폭발의 무시무시한 위험성을 보여 주기 위해 보통 붉고 뜨거운 용암이 나타난다. 하지만 실제로는 더 많고 다양한 종류의 위험이 화산 활동 속에 도사리고 있고, 용암은 사실 가장 덜 위험한 요소 중 하나이다.

녹은 암석은 비교적 천천히 흐르기 때문에, 폭발 후 발생하는 가장 일반적이고 유일한 물질처럼 알려진 것이 용암이다. 용암과 함께 화산은 다른 위험한 물질들을 내뿜는다.

화산 쇄설물은 작은 파편부터 거대한 암석까지 다양한 크기로, 가까운 곳에 떨어질 수도 있지만 강력하게 폭발하여 대기권까지 솟구치기도 한다. 또한 화산 작용으로 인해 뿜어져 나온 뜨거운 기체는 산성비를 만들고, 기류를 타고 대기 오염을 일으켜 지역적, 또 세계적으로 기후에 큰 영향을 끼친다.

폭발물 속의 물, 암석 부스러기, 재 등의 물질들이 섞이면서 거대한 슬러리 형태가 되기도 하는데, 빠른 속도로 움직이고 엄청난 파괴력을 가지고 있다. 폭발로 인해 발생한 열은 눈덩이들을 녹여 버리거나 강, 시내 등으로 갈라져 흐르기도 해 갑작스런 홍수가 일어날 수도 있다. 또한 폭발 중인 화산은 산사태, 눈사태, 지진, 지진 해일을 일으키기도 한다.

화산 폭발 후에는 응급 대처 매뉴얼을 통해 어떤 위험에 직면했는지를 파악하고, 즉시 적절한 조치를 취해야 한다. 대피 방안을 마련하되, 바람이 부는 방향이나 화산 아래의 강 또는 시내 하류로는 가지 않는다.

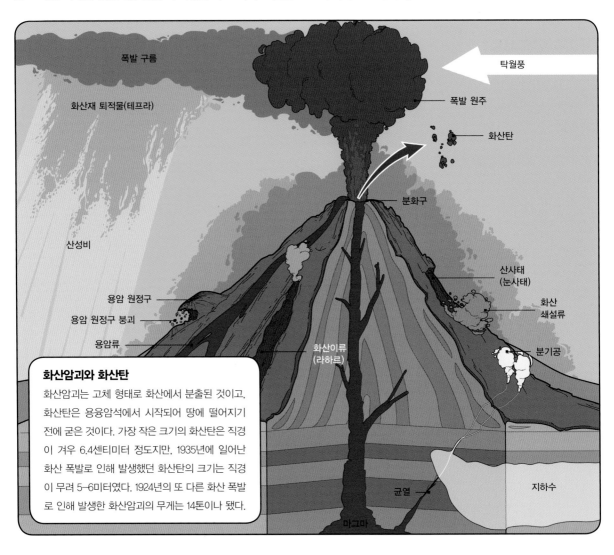

화산암괴와 화산탄

화산암괴는 고체 형태로 화산에서 분출된 것이고, 화산탄은 용융암석에서 시작되어 땅에 떨어지기 전에 굳은 것이다. 가장 작은 크기의 화산탄은 직경이 겨우 6.4센티미터 정도지만, 1935년에 일어난 화산 폭발로 인해 발생했던 화산탄의 크기는 직경이 무려 5–6미터였다. 1924년의 또 다른 화산 폭발로 인해 발생한 화산암괴의 무게는 14톤이나 됐다.

261

화산재에 대비한다

화산재는 미세 입자로 이루어져 있고 호흡기나 눈, 피부를 자극하여 치명적인 부상을 입힐 수 있다. 외부에 있을 때는 안전을 위해 적절한 의상과 장비를 착용해야 한다. 피부를 보호하기 위한 긴 소매 셔츠와 긴 바지, 눈을 보호하기 위한 고글, 호흡기를 보호하기 위한 방진 마스크가 도움이 될 것이다.

화산재는 차량이나 장비에 손상을 입힐 수도 있다. 엔진이 막히고 멈추게 되며, 브레이크 등이 마모될 수 있기 때문에 차량이나 트럭의 엔진은 꺼 두어야 한다. 차량이나 비행기는 차고와 격납고에 주차하고, 방수포로 덮어 둔다.

262 라하르를 조심한다

'라하르'는 인도네시아어에서 기원한 말로, 다량의 수분을 함유한 화산회 등이 화산의 사면이나 골짜기를 따라 흘러내리는 현상인 화산이류를 일컫는다. 암석 부스러기, 암석, 심지어 큰 바위가 섞인 거내한 콘크리트가 움직이는 것과 비슷한 모습이다. 라하르는 크기, 속도, 위험성에 따라 분류한다. 큰 라하르는 수백 미터의 폭과 수십 미터의 높이로 나타난다. 가장 위험한 것은 사람이 달리는 속도보다 빠르게 움직이는 라하르인데, 최대 시속 100킬로미터의 속도로 움직이며, 멈추기 전까지 수백 킬로미터에 걸쳐 흐른다.

263 위험 물질을 관리한다

'위험 물질'은 광범위한 개념으로 위험한 고체, 기체, 액체를 의미할 수 있으며 방사성, 인화성, 폭발성, 부식성, 산화성, 생물학적 유해성, 유독성, 병원성 물질까지 포함한다. 기찻길, 고속 도로, 공업 단지 근처에 거주하고 있다면 위험 물질로 인한 사고 가능성이 높은 지역이므로 조심할 필요가 있다.

꾸준하게 정보 수집하기 지역 라디오나 TV 방송, 신뢰할 만한 인터넷 뉴스를 통해 항상 주변의 최근 상황을 파악하도록 한다. 대피 알림을 받으면 사전에 몇 개의 가방을 꾸려 두고, 통보를 받지 못하고 급하게 대피하게 된다면 비상 가방을 들고 나선다. 집을 떠나 차량으로 이동하게 되면 반드시 차량의 창문을 닫은 채로 이동하고, 내부 공기의 순환을 위해 에어컨을 켜도록 한다.

위험 지대 피하기 외부에 머물던 중 위험 물질과 관련한 경보가 발령되었을 시에는 가능한 한 얼굴을 완전히 가리도록 한다. 바람을 향해 서 있고, 언덕 위로 올라가거나 사고 발생 지역보다 높은 곳으로 이동한다. 적절한 대피 장소는 적어도 2킬로미터 이상 떨어진 곳이어야 한다.

264

오염 물질 제거법

불행히도 어떤 위험 물질을 접하게 되었고 오염 물질을 제거해 줄 응급 구조 대원이 가까이에 없다면 스스로 응급 대처를 해야 한다.

1단계 즉시 입고 있던 옷을 모두 벗고, 옷을 비닐 봉투에 넣어 밀봉한다. 옷은 머리 위로 벗지 말고 가위를 이용해 잘라 낸다. 옷을 벗은 후에는 손으로 눈, 코, 입을 만지지 않아야 위험한 물질의 체내 유입을 막을 수 있다.

2단계 위험 물질이 가루 형태이고 육안으로 확인이 가능하다면 몸을 씻기 전에 최대한 털어 낸다. 씻을 때엔 적어도 15분 동안 물질이 닿은 모든 부위를 문지르고 헹구어 낸다. 콘택트렌즈를 착용하고 있다면, 즉시 빼서 옷을 넣어 둔 봉투에 함께 넣고 밀봉한다.

3단계 깨끗한 새 옷으로 갈아입고 오염된 옷이 든 봉투는 다른 봉투에 넣어 한 번 더 밀봉한다. 밀봉한 봉투는 응급 구조 대원이 적절한 방법을 조언해 주기 전까지 만지지 말고 안전한 장소에 보관한다.

265 눈대중으로 파악한다

쏟아진 화학 물질, 화재, 가스 구름을 목격하게 되었고 어떤 물질인지 확신할 수 없다면, 위험 물질에 노출되지 않도록 멀리 벗어나는 것이 가장 좋은 방법이다. 어느 정도까지 벗어나야 하는지는 엄지손가락으로 쉽게 가늠할 수 있다.

사고 발생 위치를 바라보며 팔을 뻗어 엄지손가락을 올린다. 엄지손가락으로 모든 발생 지점이 가려진다면, 당신은 안전한 위치에 있는 것이다. 엄지손가락으로 다 가려지지 않는다면, 가려질 때까지 이동한다. 이동 시에는 반드시 바람을 향해, 가능한 한 사고 현장보다 높은 곳으로 가야 함을 잊지 않도록 한다.

266

집을 밀폐한다

집 근처에서 위험 물질과 관련된 문제가 생겼다면, 대피 경고가 있기 전까지는 집으로 들어가 노출을 최소화해야 한다. 경우에 따라서는, 집을 밀폐하라고 당국이 조언하기도 한다. 집을 밀폐하는 방법을 알아보자.

1단계 외부와 연결된 통풍구, 환기구를 모두 막는다. 벽난로와 이어진 굴뚝도 막는다. 에어컨, 환풍기 등 모든 환기 계통의 시스템을 끈다.

2단계 플라스틱 시트와 덕트 테이프를 이용하여 창문과 문을 밀폐한다. 플라스틱 시트가 없다면 알루미늄 포일이나 파라핀지로 대신한다. 에어컨의 환풍기, 주방과 화장실, 세탁실의 환풍기를 모두 막는다.

3단계 밀폐 후엔 출입문과 창문을 닫고 잠근 후 누구도 출입하지 못하게 한다.

4단계 지상에 있는, 창문과 문의 개수가 가장 적은 방으로 이동한다. 필요한 물품들을 모두 방으로 가지고 온 후에 방과 이어진 모든 도관을 덕트 테이프로 막는다. 방문을 닫고 문 아래 틈에 수건을 끼워 집 안 공기 순환을 제한한다.

응급 상황과 재난에 대비한다는 것이 비상 가방이나 짐을 꾸리는 것만을 의미하는 것은 아니다. 어딘가에 피신해야 할 경우, 집은 가장 튼튼하고 좋은, 장비를 갖춘 요새가 되어

사 전 준 비

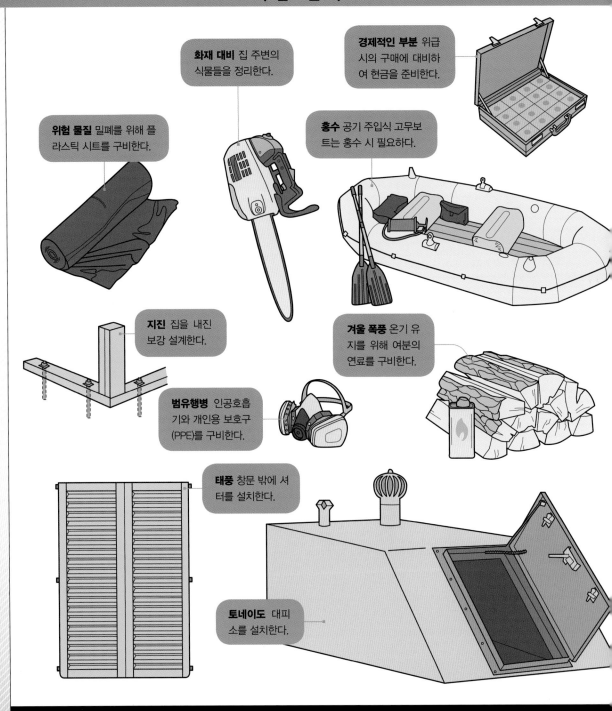

경제적인 부분 위급 시의 구매에 대비하여 현금을 준비한다.

화재 대비 집 주변의 식물들을 정리한다.

홍수 공기 주입식 고무보트는 홍수 시 필요하다.

위험 물질 밀폐를 위해 플라스틱 시트를 구비한다.

지진 집을 내진 보강 설계한다.

겨울 폭풍 온기 유지를 위해 여분의 연료를 구비한다.

범유행병 인공호흡기와 개인용 보호구(PPE)를 구비한다.

태풍 창문 밖에 셔터를 설치한다.

토네이도 대피소를 설치한다.

준다. 시간이 촉박하고 미리 준비하지 못한 상태라 할지라도 여전히 집을 안전
한 요새로 만들어 줄 다양한 방법들이 존재한다.

즉석 준비

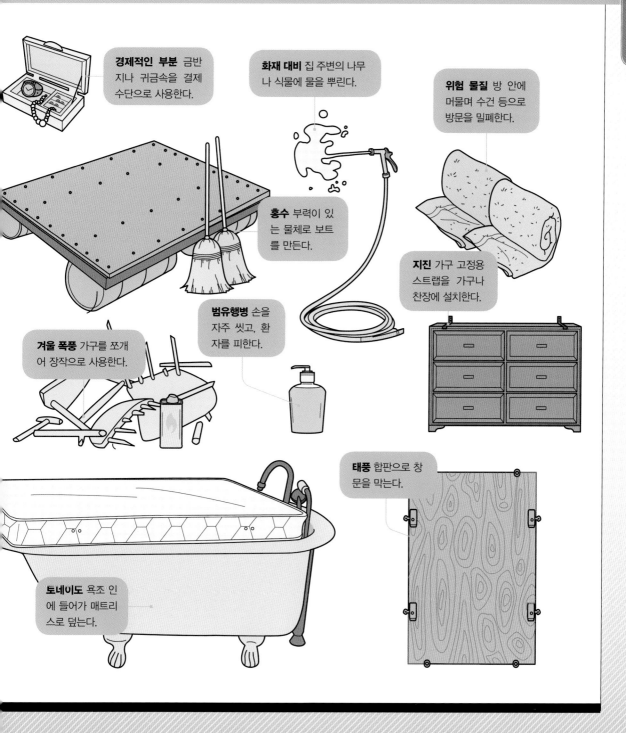

경제적인 부분 금반
지나 귀금속을 결제
수단으로 사용한다.

화재 대비 집 주변의 나무
나 식물에 물을 뿌린다.

위험 물질 방 안에
머물며 수건 등으로
방문을 밀폐한다.

홍수 부력이 있
는 물체로 보트
를 만든다.

지진 가구 고정용
스트랩을 가구나
찬장에 설치한다.

범유행병 손을
자주 씻고, 환
자를 피한다.

겨울 폭풍 가구를 쪼개
어 장작으로 사용한다.

태풍 합판으로 창
문을 막는다.

토네이도 욕조 인
에 들어가 매트리
스로 덮는다.

268 전염병 감염을 방지한다

범유행성 질병이든 독감이든, 감염을 막을 수 있는 쉬운 방법이 있다.

우선 환자로 의심되는 사람과는 접촉하지 않는다. 문고리, 손잡이, 컴퓨터, 핸드폰, 수도꼭지, 조명이나 전원의 스위치 등 자주 만지거나 접하는 것들은 규칙적으로 닦고 소독한다. 눈, 코, 입은 가장 흔하게 감염되는 경로이므로 손으로 만지지 않는다. 충분한 수면을 취하고 운동을 하며, 스트레스를 관리하고, 수분 유지와 건강한 음식 섭취를 한다.

고위험 상황에서는 마스크를 착용하고 손을 자주 씻거나 주기적으로 세정제를 이용한다.

아프기 시작하면 다른 사람들로부터 스스로를 격리하고, 직장이나 학교에 가는 대신 집에서 쉰다. 기침이나 재채기를 할 때엔 휴지로 코와 입을 막는다. 휴지가 없을 경우에는 손이 아닌 소매나 팔꿈치로 막는다. 다른 사람과 접촉해야 할 경우에는 반드시 마스크를 착용하고, 손은 비누로 자주 씻거나 세정제를 이용해 깨끗하게 유지한다.

269 올바르게 손 씻는 법

손 씻기만 잘해도 많은 질병을 막을 수 있다는 부모님의 말씀은 틀리지 않는다. 하지만 연구 결과 밝혀진 놀라운 사실은 의료 전문가들도 손 씻기를 올바르게 하지 않고 있다는 것이다. 제대로 손 씻는 방법을 배워 다양한 질병을 예방하자.

1단계 흐르는 깨끗한 물(따뜻하든 차갑든)로 손을 적시고, 수도꼭지를 잠근 후, 비누를 묻힌다.

2단계 양손을 모두 힘차게 문지른다. 손등을 포함한 손의 모든 부분과 손가락 사이와 손톱 아래까지도 꼼꼼하게 문지른다.

3단계 적어도 20초 이상 문질러야 비누의 세정력과 문지르는 것이 효과를 발휘한다. 문지르며 생일 축하 노래를 두 번 부르면 시간을 재기 쉽다.

4단계 흐르는 물로 손을 헹군다.

5단계 종이 수건을 이용해 손의 물기를 제거한다. 물기를 완전히 제거해야 박테리아의 생성을 막을 수 있다.

6단계 고위험 상황이라면 종이 수건을 대고 수도꼭지를 잠그고 화장실 문은 열어 둔다.

270 유행병 보급품을 갖춘다

응급 키트나 구급상자에 이미 의료용 장갑, N95 마스크, 손 세정제 등의 물품들을 갖추고 있을 것이다. 하지만 유행병이 걱정되고 뉴스를 통해 유행병의 위험도가 높아지고 있다는 것을 알게 된다면 추가적으로 구입한다. 고위험의 유행병이 돌고 있다면 일회용 타이벡 점프 수트와 안전 고글을 준비하는 것도 좋다.

271 올바른 마스크 착용법

마스크 착용을 테스트할 수 있는 기회가 있다면, N95 마스크를 착용하고 사이즈를 맞추어 보도록 한다. 여러 번 착용하고 연습해 보면 N95 마스크의 장단점을 더 잘 알 수 있을 것이다. 마스크를 올바르게 착용하고 밀착시키는 방법을 소개한다.

1단계 마스크에 손상이나 오염된 부분이 없는지 확인한다. 끈과 코를 감싸는 부분의 상태가 온전한지 살핀다.

2단계 한 손으로 마스크를 쥐고 코를 감싸는 부분을 손가락으로 잡은 후 연결된 끈이 늘어지게 풀어 둔다.

3단계 마스크를 착용하고 끈을 머리 위로 쓴 다음 위쪽 끈이 귀 위와 뒤통수에 고정되도록 잡아당긴다. 아래쪽 끈은 귀 아래와 목 뒤쪽에 위치하도록 잡아당긴다.

4단계 양손을 이용하여 마스크를 얼굴에 밀착시키고, 코를 감싸는 부분을 손가락으로 눌러 단단히 고정한다.

5단계 양손으로 마스크 전체가 얼굴에 완전히 고정되었는지 확인하고, 숨을 크게 내쉬어 본다. 숨이 얼굴이나 눈으로 올라오면 마스크의 위치를 재조정하거나 다른 사이즈 또는 모델로 바꾼다. 완전히 밀착되지 않으면 안전하게 보호되지 않는다.

6단계 숨을 크게 들이쉬어 본다. 마스크는 얼굴에 단단히 고정되어야 하고, 가장자리로 공기가 새면 마스크의 위치를 재조정하거나 다른 사이즈 또는 모델로 바꾸도록 한다. 다시 한 번 말하지만, 올바르게 밀착되어야 안전하다.

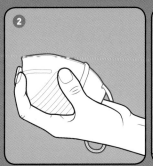

272 재난 대비 계획을 배워 둔다

사람들이 모이고, 일하고, 활동하는 기관이나 시설에는 보통 응급 대처 방법이나 재난 대비 계획이 세워져 있다. 이런 곳에서 공부하거나 근무하거나 자원봉사를 하며 시간을 보내고 있다면, 그곳에 어떤 대비 계획이 세워져 있는지를 배워 두자. 어떤 곳은 웹사이트를 통해 해당 정보를 제공하기도 하고, 어떤 곳은 회의를 통해서나 직접 알려 주기도 한다. 정보를 얻게 되면 재난 시 그 계획이나 방법에 따라 개인과 가족의 계획을 세울 수 있어 큰 도움이 된다.

학교나 직장, 교회, 유치원 등 자주 방문하는 곳의 재난 대비 계획은 주의 깊게 살펴보는 것이 좋다. 경기장이나 휴양지, 지방 소도시, 다른 나라 방문 시에도 미리 알아 두면 도움이 될 것이다.

또한 이런 기관 근처에 살고 있는 경우, 각 기관의 응급 대처 방법이 어떤 영향을 줄 것인지를 알아 두면 개인의 계획을 세우는 데에 도움을 줄 수 있으며, 그곳이 지역의 재난 관리 기관이 되면 추가적인 지원을 받을 수 있다.

각 기관의 재난 관리 정보에서 무엇을 요청해야 할지 모르겠다면, 다음의 질문들을 해 보도록 한다.

● 어떠한 종류의 위험, 응급 상황, 재난이 포함되어 있나요?
● 경고나 경보는 어떤 방식으로 발령되나요?
● 계획은 얼마나 자주 업데이트되며, 공개 검토가 이루어지고 있나요?
● 대피소나 피난처로 고려되는 장소는 어디인가요?
● 계획에 포함된 다른 특이 사항들은 무엇이 있나요?
● 자료의 다운로드나 검토가 가능한가요?
● 대비 방안에 대해 더 배울 방법이 있나요?

273 지역 사회 활동을 한다

기관에 재난 대비 계획이 없다면 계획 수립을 직접 제안해 보자. 계획 구상 과정에 관여할 수 있는 방법이 있는지도 문의해 본다. 재난 대비 계획은 다양한 이해당사자들의 개입과 조언이 있을 때 가장 잘 만들어진다. 계획 수립에 실패했을 경우에는 지역 단체의 다른 구성원을 통해 실현할 수 있도록 방법을

강구해 본다. 마지막으로, 정치인이나 지역의 뉴스 미디어, 소셜 미디어를 통해 재난 대비 계획의 중요성을 알리는 것도 좋다. 목표는 회복력을 갖춘 지역 사회를 만드는 것이므로, 다른 누군가와 손을 잡는 것도 보편적인 토대를 마련하고 합의점과 협력점을 찾는 훌륭한 방법이다.

274 총격범으로부터 자신을 지키는 법

총기 범죄의 현장에서 가장 우선적으로 해야 할 일은 '도망가는 것'이고, 그 다음은 '숨는 것'이며, 최후의 수단은 '대항하는 것'이다. 무장한 가해자를 무력화하는 방법은 반드시 절박하고 목숨이 위태로운 상황에서만 선택해야 한다. 어떤 대응을 하든, 가능한 한 안전하게 사고 현장에 대해 경찰에 신고하도록 한다.

	도망가기	숨기	대항하기
1	어떤 곳에 들어가든 적어도 두 개의 비상구를 확인해 둔다.	가능한 한 안전한 장소를 찾아 숨는다. 은닉하는 것만 생각하지 말고 스스로를 안전하게 보호할 수 있는 곳을 선택한다.	대항은 최후의 수단으로 선택하고, 범죄자를 진압하도록 한다.
2	주변인들에게도 탈출하라고 권하되, 남아 있기로 결정한 사람들을 두고 가는 것을 의논하느라 시간을 지체하지 않는다.	문을 잠그고 막는다.	신중하게 행동하고 최선을 다해야 한다. 목숨이 걸린 일이다.
3	소지품들은 두고 떠난다.	핸드폰을 무음 상태로 전환하고 라디오나 텔레비전 등 전자 기기를 끈다.	즉석에서 무기를 만들고, 주변의 사물을 던지고, 소리를 지른다.
4	손이 보이도록 한다.	경찰이 도착해 인도하기 전까지 조용히 그 자리에 머문다.	신체적 공격을 최대한으로 한다.
5	떠나는 장소에 들어오는 사람들에게 들어오지 말라고 알린다. 부상자를 옮기려고 하지 않는다.	—	—

275 수상한 꾸러미를 경계한다

우연히 수상한 꾸러미를 발견했다면, 안전을 위해 주의를 기울여 취급해야 한다.

1단계 가루, 액체, 화학 물질, 또는 생물 작용제를 발견하면 꾸러미채로 비닐 봉투나 다른 안전한 용기에 넣어 내용물의 누출을 막는다. 이런 종류가 아닌 내용물을 집어 들었다면 조심스럽게 내려놓고, 바닥에 있는 것을 발견했다면 그 자리에 그대로 둔다.

2단계 꾸러미가 위치한 방에는 출입하지 않는다.

3단계 꾸러미를 만지거나 들었다면, 비누와 물로 손을 깨끗하게 씻어 오염을 막는다. 손으로 얼굴을 만지지 않는다.

4단계 관리인이나 경비, 또는 경찰에게 알린다.

5단계 근처에 있었던 사람들의 명단을 작성하고 구조 대원이나 경찰에게 전달한다.

276 태양 표면 폭발
(태양 플레어)

태양 플레어는 태양 대기에서 생성된 자기 에너지가 갑작스럽게 방출되면서 많은 전자기파를 방출하는 태양 표면의 폭발 현상이다. 많은 양의 에너지가 방출되는데, 수백만 개의 수소 폭탄이 동시에 터지는 것과 비슷한 수준이다.

태양 플레어는 강도에 따라 다양한 등급으로 나뉘는데, 지진의 강도를 나타내는 리히터 규모와 비슷하다. 각 등급은 이전 등급에 비해 10배 정도 강력하다. A, B, C등급은 특별한 영향이 없으나, M등급의 폭발은 극지방에서의 단파 무선 통신을 두절시키고 궤도를 선회하는 우주 비행사들을 위험에 빠뜨리는 미세한 방사선 증가를 야기할 수 있다. X등급은 지구의 전반적 체계에 영향을 미쳐 과학 기술 시스템에 다양한 피해를 입힐 수 있다.

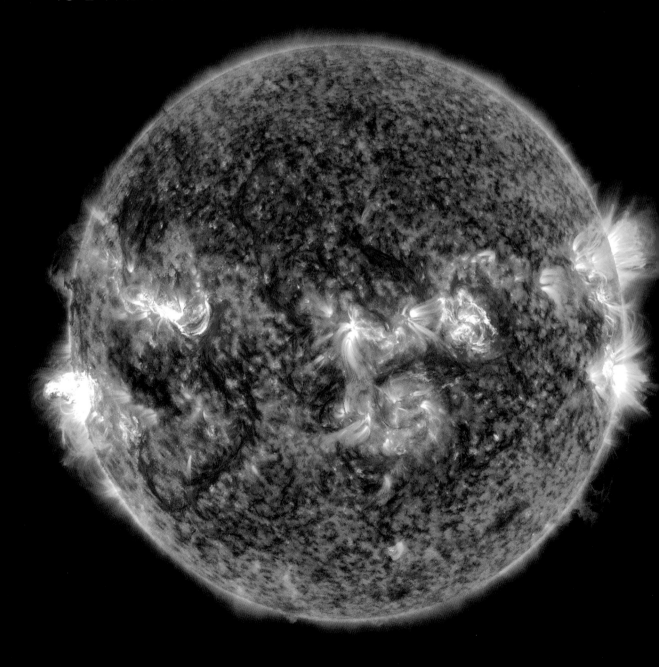

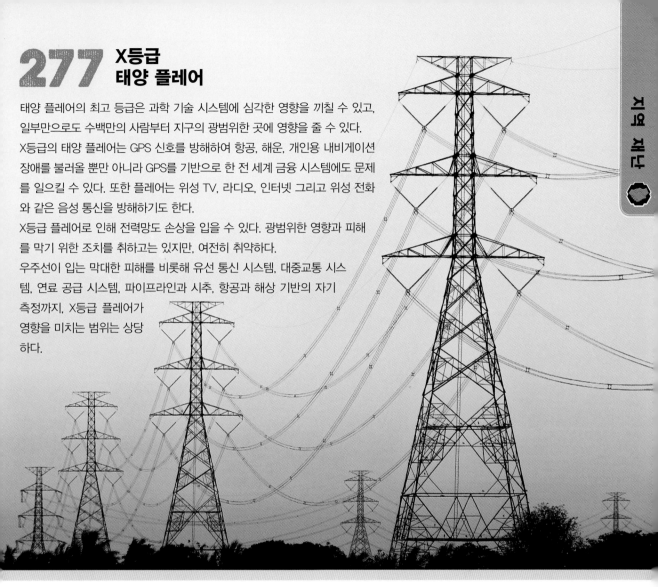

277 X등급 태양 플레어

태양 플레어의 최고 등급은 과학 기술 시스템에 심각한 영향을 끼칠 수 있고, 일부만으로도 수백만의 사람부터 지구의 광범위한 곳에 영향을 줄 수 있다. X등급의 태양 플레어는 GPS 신호를 방해하여 항공, 해운, 개인용 내비게이션 장애를 불러올 뿐만 아니라 GPS를 기반으로 한 전 세계 금융 시스템에도 문제를 일으킬 수 있다. 또한 플레어는 위성 TV, 라디오, 인터넷 그리고 위성 전화와 같은 음성 통신을 방해하기도 한다.

X등급 플레어로 인해 전력망도 손상을 입을 수 있다. 광범위한 영향과 피해를 막기 위한 조치를 취하고는 있지만, 여전히 취약하다.

우주선이 입는 막대한 피해를 비롯해 유선 통신 시스템, 대중교통 시스템, 연료 공급 시스템, 파이프라인과 시추, 항공과 해상 기반의 자기 측정까지, X등급 플레어가 영향을 미치는 범위는 상당하다.

278 우주 기상에 주의를 기울인다

일반적인 재난 대비 계획은 우주 기상의 이상에 대해서도 적용될 것이다. 하지만 사실 우주의 위협 안에서 가능한 대비책은 없다. 이런 특별한 재해의 영향력에 대해 주의를 기울이고 극복할 방안을 구상하는 것이 최선의 방법이다.

내응해야 할 세 가지의 영향은 대규모 정전과 전력 손실, GPS 또는 통신 장애이다. 이를 테면, 내비게이션 장애를 극복하기 위해 차량에 지도를 구비해 두면 태양 플레어의 영향이 있을 때뿐만 아니라 평소에도 GPS 신호가 잡히지 않을 때 유용하게 쓰일 것이다. 또한 통신 장애를 대비해서 가족들이 미리 장소를 지정해 두면 직접적인 연락이 불가능할 때에도 만날 수 있다.

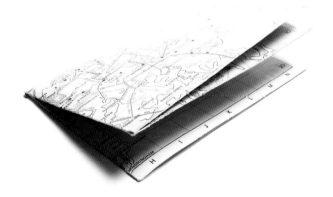

279 현금을 최대한 준비한다

전력이 손실되거나 통신이 차단된 상황에서는 신용카드나 직불 카드를 사용할 수 없다. 따라서 현금은 재난이나 응급 상황 시 물품과 식량을 구입할 수 있는 유일한 수단이 된다. 아래의 표는 어디에 얼마만큼의 현금을 보관하고 있어야 하는지에 대해 일반적인 가이드라인을 제시한 것이다. 안심할 만큼의, 소지할 수 있는 최대한의 금액을 준비하도록 하자. 현금은 한곳에 숨기지 말고 여러 다른 장소에 나누어 보관하여 모든 돈을 잃어버리거나 강도를 당하는 일이 없도록 한다.

장소	금액	가이드
지갑, 손가방	5∼10만 원	현금을 충분히 들고 다니면 안전하게 귀가할 수 있다.
EDC	5∼10만 원	지갑의 현금을 다 썼을 경우를 대비한 비상금이다.
차량용 비상 키트	10∼20만 원	적어도 연료를 한 번은 가득 채울 수 있을 만큼의 금액을 넣어 둔다.
직장용 비상 키트	5∼10만 원	직장에서 택시나 다른 교통수단을 이용해 집으로 올 수 있을 만큼의 현금을 준비한다.
비상 가방	15만 원	일반적인 구급품이나 물품 구입에 쓰이는 금액을 넣어 둔다.
집 재난 대비 장소	1인 당 15만 원	가족 구성원이 각자 식량, 연료, 이외의 중요한 재난 시 필요 물품들을 구입할 수 있는 만큼 보관한다.
금고 등 현금 보관 장소	50∼300만 원	재난 상황이 장기화되거나 정전, 단수 상태가 지속될 경우를 대비하여 한 달 동안 쓸 수 있을 만큼의 충분한 현금을 보관한다.

280

현금의 안전한 보관법

집에 현금을 보관할 때는 범죄자들이 쉽게 찾지 못하게 하는 것이 최우선이다. 완벽하게 숨길 수 있는 장소는 없지만, 쉽게 찾지 못하도록 숨기는 방법은 있다.

얼려 두기 현금을 냉동용 팩에 넣고 밀봉한 다음 은박지로 감싸고 겉에 '다진 고기'와 같은 음식 이름을 써 붙여 둔다. 상당히 안전하게 보관할 수 있다.

뻔히 보이는 곳에 두기 음료수 캔, 탈취제, 세제 등 일상에 필요한 물품용기 속은 꽤 안전한 곳이다. 자물쇠로 잠글 수도 없고 많은 현금을 넣을 수도 없지만 잘 숨겨 둘 수는 있다.

금고에 보관하기 방수나 내화 금고는 현금을 적절하게 보관할 수 있는 가장 좋은 방법이다. 절도범이 쉽게 들고 갈 수 없도록 잘 고정해 두기만 하면 된다.

속이기 벽 스위치, 환풍기, 배수관을 가짜로 만들고 그 속에 현금을 숨긴다.

281 현금 흐름을 자동화한다

청구서, 고지서 대금 납부는 평소에도 번거로운 일이지만, 재난 시에는 아예 불가능할 수도 있다. 예금도 마찬가지이고, 우편을 보내는 일도 불가능하다. 현금으로 급여를 받는다면 그것을 입금할 수도 없다. 즉, 모든 중요한 대금 납부 및 힘들게 번 수입이 안전하게 관리되지 못하는 상황이라는 뜻이다.

고용주가 동의한다면, 모든 급여는 계좌로 입금되도록 등록하여 돈을 잃어버리는 위험이 없도록 방지한다. 또한, 은행의 자동 이체 시스템을 이용하여 청구되는 대출금, 자동차 할부금, 신용 카드 대금, 공과금이 자동으로 빠져나가도록 설정해 두면, 응급 상황 시에도 연체에 대한 걱정을 하지 않을 수 있다.

282 중요 서류를 보관한다

분실하게 되면 문제가 되거나 다시 만들기 번거로운 개인적인 서류들이 있다. 전자 복사본을 만들어 클라우드 등의 저장소에 보관하면 도움이 되지만, 경우에 따라 원본이 필요할 수도 있다. 내화성, 방수성 금고는 여러 위급 상황 시에 안전한 보관 장소가 되어 줄 것이다. 아래의 서류들은 금고 보관을 추천한다.

신분 관련	재정 관련
● 운전면허증, 주민 등록증, 여권 ● 아이의 치과 기록/유전자 감식 보고서	● 금융 거래 통장(당좌 예금, 저축 예금, 양도성 예금 증서 등), 각종 투자 증서(주식, 채권, 상호 기금 등), 각종 대출 증서(학자금 대출, 자동차 대출, 주택 담보 대출 등), 작년도 납세 신고서
● 주민 등록 등본, 가족 관계 증명서, ● 기본 증명서, 친양자 입양 관계 증명서 ● 혼인 관계 증명서 ● 자녀 양육권 서류	● 임대차 계약서, 임대 계약서, 부동산 신탁 계약서, 재산세 납부 증명서
● 반려동물 등록증 ● 반려동물 마이크로칩 정보	● 유언장, 신탁 증서, 위임장
● 재산, 주택 소유, 세입자 보험 증서 (추가 약정서 포함) ● 자동차 보험 증서 ● 생명 보험 증서 등	● 건진 및 접종 기록, 소생술 포기 각서, 장기 기증서
● 군인 복무 / 병무 기록 ● 차량 등록증	

283 준비된 자세를 갖는다

방심한 사이 일어나는 응급 상황, 준비 없이 재난을 마주하게 되는 상황 등 다양한 일들이 예기치 않게 일어나고는 한다. 익숙하지 않은 상황에 처하거나 불가능하다고 생각했던 일을 해내야만 하는 순간도 찾아올 수 있다. 미리 세워 놨던 계획은 예상 밖의 상황으로 인해 달라질 수도 있고, 심지어 아무 소용이 없는 것이 되기도 하며, 기대했던 지원을 전혀 받을 수 없게 될 수도 있다.

어떤 일이 일어나든 침착함을 유지하고 안전과 생존을 위해 모든 감각을 이용하자. 더 나은 준비를 하지 못했다는 생각으로 자책하느라 시간을 낭비하고, 에너지를 소모하지 말자. 집중하고, 주의를 기울여야 한다. 반복적인 연습, 탄력적인 자세, 기본 생존 도구 구비만으로도 혹독한 시련을 극복할 확률을 높일 수 있다.

284 대체 계획을 세운다

어떤 위기 대응 계획을 세우고, 구급품을 비축하고, 장비를 선택하고, 기술을 배우든 실패할 경우를 대비하여 또 다른 비상 대처 계획을 세워 두어야 한다. 즉, 계획을 세우는 과정에서 합리적이고 실현 가능한 플랜 B를 만들어 두어야 한다. 명백하게 다른 선택지들이 있다면, 그에 따른 여러 가지 대체 계획을 세우도록 한다. 모든 긴급 사태에 대해 계획을 세우는 것은 불가능하지만, 몇 개의 사전 계획 옵션을 만들어 두는 것은 응급 상황의 스트레스를 현저히 줄여 줄 것이다.

다른 것들도 이런 방식으로 생각해 볼 수 있다. 안전하게 마실 수 있는 물을 만드는 여러 가지 정수 방법을 알아 두는 것은 그저 현명한 준비가 아닌 생사를 가르는 일이 될 수도 있다. 기술은 단 하나의 실패도 없을 때 가장 이상적이므로, 당신은 물론이고 주위 사람들이 응급 훈련과 생명 안전 기술을 익히도록 독려한다. 프란츠 카프카의 말을 인용하자면, "필요로 하지 않고 가지는 것이 가지지 않고 필요로 하는 것보다 낫다."

285 유연하게 사고한다

기술과 장비가 거의 없었음에도 불구하고 극한의 상황에서 살아남은 사람들의 특징은 바로 상황을 견디게 해 주는 사고방식을 지니고 있었다는 것이다. 이런 사람들에게는 아래와 같은 공통적인 성향이 있는데, 우리도 그런 사고방식을 기를 수 있다. 더 작은 상황 속에서 꾸준히 연습한다면, 그 사고방식이 역경 속에서 밝은 빛이 되어 줄 것이다.

강한 의지 강한 의지와 단단한 마음은 신체적인 역량을 넘어서게 해 준다. 가혹한 상황과 위기를 처리하고 극복하려는 의지와 "무엇이든 해 보겠다."는 자세가 극한의 상황을 이겨 내도록 해 줄 것이다.

동기 부여 많은 생존자들이 가족, 친구, 사랑하는 사람들에게 돌아가고 싶다는 간절하고 강한 욕망이 살아남게 해 주었다고 말한다. 이러한 강력한 동기 부여는 의욕을 잃지 않게 해 주는 심리적 원동력이 되어 삶에 대한 강한 희망과 염원을 가지게 해 준다.

적응력 적응과 생존은 항상 연결되어 있다. 변화하는 상황, 위기, 환경에 적응하는 것은 생존자가 되기 위해 가장 중요하고 필요한 능력이다. 그동안의 습관과 생각을 버리고, 좁은 사고에서 벗어나는 것은 매우 어려운 일이다. 하지만 자신의 방법이 틀렸다면, 문제 해결을 위해 스스로를 바꾸고 현장에 적응해야만 할 것이다.

286

우선순위를 정한다

준비하지 못한 채 위험한 상황에 처했다면, 생존을 위해 우선순위를 정하는 것에 집중해야 한다.

마음가짐 유연한 사고방식을 유지하는 것은 우선적으로 선택해야 할 마음가짐이자 생존에 필요한 자세이다.

응급 치료 심각한 부상의 치료나 희생자가 의료인의 치료를 받는 일보다 중요한 것은 없다.

대피 위험 요소들로부터 대피하여 스스로를 보호한다. 극한의 날씨 속에서는 특히 중요하다.

온기 불은 온기와 조리, 구조 신호 등에 쓰이는 중요한 요소이다. 정전이 오기 전에 연료를 모으고 불을 피워 둔다.

구조 요청 전기 통신의 복구를 기다리되, 구조 신호를 보낼 수 있는 거울, 연기 등을 이용한다.

물 덥고 건조한 상황에서는 수분 공급이 절실하다. 마실 수 있는 물을 찾는다.

식량 비상식량을 저장해 두는 것은 가족 생존을 위한 중요한 준비 사항이다. 식량이 떨어지면 지인이나 이웃의 도움을 받는 것이 최선이다. 구분할 수만 있다면, 주변의 식용 식물이라도 섭취한다.

최배 자크루

대피 계획 세우기

재난이 일어났을 때는 대피할 장소, 연락할 사람, 만나는 방법에 대한 계획을 가지고 있는 게 중요하다.
아래의 양식이라면 가족들 모두 세부 사항을 파악할 수 있을 것이다.

가족 연락망

이름 _____

주소 _____

도시 _____ 전화번호 _____

이 주소에 거주하는 사람들의 정보

이름 _____ 핸드폰 번호 _____ 특이 사항 _____

이메일 _____ 직장 번호 _____ _____

이름 _____ 핸드폰 번호 _____ 특이 사항 _____

이메일 _____ 직장 번호 _____ _____

이름 _____ 핸드폰 번호 _____ 특이 사항 _____

이메일 _____ 직장 번호 _____ _____

이름 _____ 핸드폰 번호 _____ 특이 사항 _____

이메일 _____ 직장 번호 _____ _____

이름 _____ 핸드폰 번호 _____ 특이 사항 _____

이메일 _____ 직장 번호 _____ _____

이름 _____ 핸드폰 번호 _____ 특이 사항 _____

이메일 _____ 직장 번호 _____ _____

반려동물

이름 _____ 사육자 이름 _____ 색깔 _____ 마이크로칩 번호 _____

이름 _____ 사육자 이름 _____ 색깔 _____ 마이크로칩 번호 _____

이름 _____ 사육자 이름 _____ 색깔 _____ 마이크로칩 번호 _____

재난 발생으로 흩어지게 되었을 때, 집 근처의 만남 장소는? _____

_____

집으로 돌아오지 못했을 경우나 대피하게 될 경우, 거주지를 벗어난 만남 장소는? _____

_____

이동 시 경로는? _____

_____

재난 상황으로 인해 첫 번째 장소가 영향을 받았다면, 그 다음 만날 장소는? _____

_____

가족끼리 연락할 수 없을 경우, 타 지역의 연락망이 되어 줄 사람은?

이름 _____ 주소 _____

이메일 _____ 핸드폰 / 일반 전화번호 / 직장 전화번호 _____

집의 위험 요소 확인하기

집은 안전한 요새가 되어야 한다. 특히 아이들이 있을 경우에는 더욱 그러하다.
아래의 간단한 체크 리스트를 통해 잠재적 위험 요소들을 제거하고 안전한 상태를 유지한다.

안전한 집 만들기 체크 리스트

화학적 위험

☐ 휘발유, 세제, 도료 희석제 등 가연성 액체는 안전하게 보관되어야 한다. 환기가 잘 되는 곳인지, 아이들의 손이 닿지 않는 곳인지 확인한다.

☐ 가연성 액체가 화기, 가스 기기, 또 다른 열원 기기로부터 멀리 떨어진 곳에 보관되어 있는지 확인한다.

☐ 저장 용기가 UL 마크 또는 FM 규격 인증을 받은 것인지 라벨을 확인한다.

☐ 모든 화학 물질, 위험 물질 용기에 경고 스티커를 붙였는지 확인한다.

전기 위험

☐ 연결 코드와 연장 코드의 상태가 양호한지 확인한다. 너무 닳거나 균열이 생겼거나 단자 또는 플러그가 헐거워지지는 않았는지 살핀다.

☐ 연장 코드가 러그 아래나 못, 히터, 파이프 위에 놓여 있지는 않은지 확인한다.

☐ 모든 배선 기구 커버가 올바르게 씌워져 있는지 확인한다.

☐ 전자 기기들이 안전하게 작동하는지, 과열이나 누전되지는 않았는지, 연기가 나거나 불꽃이 일어나지는 않는지 항상 관찰한다.

화재 위험

☐ 낡은 천, 종이, 매트리스, 파손된 가구, 옷, 커튼 등이 전기 제품이나 가스 기기 또는 화기에서 떨어져 있는지 확인한다.

☐ 각 층마다 소화기가 구비되어 있는지 체크하고, 작동 가능한지 확인한 후 필요 시 새것으로 교체한다.

☐ 정원 폐기물이나 마른 잎, 깎은 잔디, 자른 목재, 뽑은 잡초를 안전하게 처리한다.

☐ 연기 탐지기, 일산화탄소 탐지기의 배터리를 해마다 교체한다.

홍수 위험

☐ 배수로와 낙수 홈통이 쓰레기로 막혀 있지는 않은지 확인한다.

☐ 빗물 배수관이 집 근처에 있는지 점검한다. 배수관이 막혀 있다면, 지역의 관리 기관에 연락하여 처리를 요청한다.

☐ 주거 지역의 홍수 피해 가능성에 대해 조사한다. 홍수에 대비하여 모래주머니나 필요한 물품들을 구비한다.

위험 생물

☐ 집에 독성 식물이 있는지 확인한다. 있다면, 반려동물이나 아이들의 손이 닿지 않는 곳에 둔다.

☐ 벽이나 천장, 화장실, 주방, 지하실, 각 방에 곰팡이가 피지 않았는지 상시 체크한다.

구조적 위험

☐ 책장, 크고 무거운 가구, 전자 제품, 선반, 거울, 액자 등이 안전하게 고정되어 있는지 살핀다.

☐ 침대 쪽 벽에는 무거운 그림이나 거울을 달지 않는다.

☐ 무겁고 큰 물건들은 아래쪽 선반에 둔다.

☐ 온수기나 가스 기기에 잘 구부러지는 가스 공급 라인을 설치한다.

☐ 물건이 떨어지는 것을 막기 위해 캐비닛, 장식장 문에 자물쇠나 걸쇠가 필요하지는 않은지 확인한다.

☐ 집안 내부와 외부, 특히 계단의 전등이 잘 켜지는지 체크한다.

☐ 복도와 계단에는 장애물을 두지 않는다.

☐ 집의 바닥이나 외벽 등에 균열이나 보수할 부분이 있는지 점검한다.

어린이 안전 관리

☐ 계단 위아래에 안전문을 설치한다. 안전문이 제대로 설치되었고 잘 조작되는지 확인한다.

☐ 벽난로, 라디에이터, 고온 배관, 장작 난로 주변에 안전망을 설치하고, 안전하게 잘 설치되어 있는지 수시로 확인한다.

☐ 가구나 날카롭고 뾰족한 모서리가 있는 것에 보호구를 설치한다.

☐ 커튼이나 블라인드 줄은 아이의 손이 닿지 않도록 위로 묶어 둔다.

☐ 온수는 안전한 온도인 49℃ 이하로 설정해 둔다.

☐ 처방받은 약이나 일반 의약품은 아이가 열지 못하는 약병이나 손이 닿지 않는 곳에 둔다.

☐ 샴푸나 화장품은 아이의 손이 닿지 않는 곳에 둔다.

☐ 화장실, 주방, 거실 등에 날카로운 물체를 두지 않고, 보관 시에는 아이의 손이 닿지 않는 곳에 둔다.

☐ 사용하지 않을 때엔 화장실의 변기 뚜껑을 항상 닫아 둔다.

☐ 모든 전기 콘센트는 덮개를 씌운다.

☐ 침대나 유아용 침대는 라디에이터나 다른 뜨거운 열원 기기와 멀리 둔다.

☐ 유아용 침대 매트리스는 침대 크기에 딱 맞아야 한다. 울타리 살대 간격은 6센티미터 이하여야 한다.

☐ 장난감 상자는 뚜껑이 잘 닫혀야 하고, 경첩이 안전하게 달려 있어야 한다.

안전한 음식 구별하기

정전이 되었을 때, 냉장고 속 음식이 상하지 않기를 바라면서도 상했을까 봐 두려울 것이다.
아래 가이드라인을 참고하여 안전하게 음식을 섭취하자.

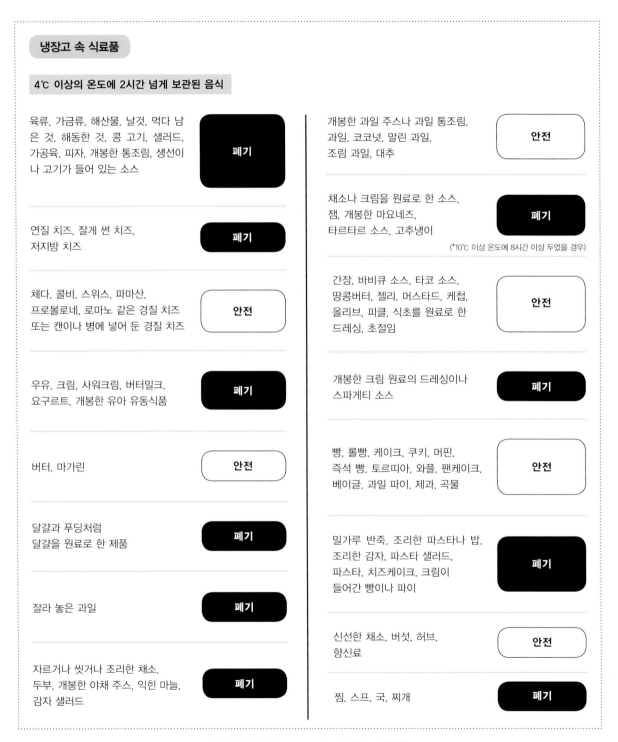

냉장고 속 식료품

4℃ 이상의 온도에 2시간 넘게 보관된 음식

육류, 가금류, 해산물, 날것, 먹다 남은 것, 해동한 것, 콩 고기, 샐러드, 가공육, 피자, 개봉한 통조림, 생선이나 고기가 들어 있는 소스	**폐기**
연질 치즈, 잘게 썬 치즈, 저지방 치즈	**폐기**
체다, 콜비, 스위스, 파마산, 프로볼로네, 로마노 같은 경질 치즈 또는 캔이나 병에 넣어 둔 경질 치즈	**안전**
우유, 크림, 사워크림, 버터밀크, 요구르트, 개봉한 유아 유동식품	**폐기**
버터, 마가린	**안전**
달걀과 푸딩처럼 달걀을 원료로 한 제품	**폐기**
잘라 놓은 과일	**폐기**
자르거나 씻거나 조리한 채소, 두부, 개봉한 야채 주스, 익힌 마늘, 감자 샐러드	**폐기**

개봉한 과일 주스나 과일 통조림, 과일, 코코넛, 말린 과일, 조림 과일, 대추	**안전**
채소나 크림을 원료로 한 소스, 잼, 개봉한 마요네즈, 타르타르 소스, 고추냉이	**폐기**

(*10℃ 이상 온도에 8시간 이상 두었을 경우)

간장, 바비큐 소스, 타코 소스, 땅콩버터, 젤리, 머스타드, 케첩, 올리브, 피클, 식초를 원료로 한 드레싱, 초절임	**안전**
개봉한 크림 원료의 드레싱이나 스파게티 소스	**폐기**
빵, 롤빵, 케이크, 쿠키, 머핀, 즉석 빵, 토르띠아, 와플, 팬케이크, 베이글, 과일 파이, 제과, 곡물	**안전**
밀가루 반죽, 조리한 파스타나 밥, 조리한 감자, 파스타 샐러드, 파스타, 치즈케이크, 크림이 들어간 빵이나 파이	**폐기**
신선한 채소, 버섯, 허브, 향신료	**안전**
찜, 스프, 국, 찌개	**폐기**

냉동고 속 식료품

식품 종류	얼음 결정이 있거나 냉동고에 있는 것처럼 차가운 상태	4℃ 이상의 온도로 2시간 넘게 두었을 경우
육류, 가금류, 해산물	**다시 얼림** (해산물은 식감과 맛이 떨어질 수 있음)	**폐기**
우유, 연질 치즈, 말랑한 치즈	**다시 얼림** (식감이 떨어질 수 있음)	**폐기**
달걀 흰자와 노른자, 달걀을 원료로 한 식품	**다시 얼림**	**폐기**
아이스크림, 얼린 요구르트	**폐기**	**폐기**
경질 치즈, 조각 치즈, 유제품이 들어간 캐서롤, 치즈 케이크	**다시 얼림**	**폐기**
과일 (주스, 포장된 과일)	**다시 얼림** (과일은 식감과 맛이 달라질 수 있음)	**폐기**
채소 (주스, 포장된 채소)	**다시 얼림** (채소의 질감과 맛이 떨어질 수 있음)	**폐기** (4℃ 이상의 온도에 6시간 이상 두었을 경우)
빵, 롤빵, 머핀, 커스터드 크림이 들어 있지 않은 케이크	**다시 얼림**	**다시 얼림**
케이크, 파이, 커스터드 크림이나 치즈가 들어간 빵	**다시 얼림**	**폐기**
파이 껍질, 기성품 또는 집에서 만든 빵 반죽	**다시 얼림** (질감이 떨어질 수 있음)	**다시 얼림** (질감이 떨어졌음을 고려해서 결정)
밀가루, 옥수수가루, 견과류, 와플, 팬케이크, 베이글	**다시 얼림**	**다시 얼림**
냉동 밥	**다시 얼림**	**폐기**

출퇴근 시 재난 대책 세우기

출퇴근길에 재난 상황이 발생했을 때 사전에 계획된 다양한 요소들이 있다면,
다른 사람들보다 훨씬 앞서 안전을 확보할 수 있을 것이다.

출퇴근 시 대체 옵션

대중교통을 이용한 출퇴근

교통수단	노선	정류장	요금

자동차나 자전거를 이용한 출퇴근

	기존 경로	대체 경로 #1	대체 경로 #2
출근 시			
퇴근 시			

기타 출퇴근 수단

	전화번호	웹 사이트 주소	비고
택시			
통근 버스			
통근 철도			
기타			

통근 차를 함께 타는 이웃 직장 동료

이름	직장(부서)	전화번호	핸드폰 번호	이메일 주소

직장 근처 렌터카 업체

업체	주소	전화번호	웹 사이트 주소

직장 근처 호텔

호텔명	주소	전화번호	웹 사이트 주소

지역 교통 정보

기관명	웹 사이트 주소	비고

지역 대피소

주소	전화번호	웹 사이트 주소

안전한 집으로 돌아오기

재난 상황이 종료되면, 변화된 상태와 새로운 도전에 직면하게 될 것이다.
자연재해, 인재 후에 상황을 극복하는 방법을 정리해 둔다.

재난 후 집 점검 항목

집으로 돌아오기 전에

☐ 거주 지역과 동네로 돌아가는 것이 안전한지 확인한다. 지역 당국의 안내에 따른다.

☐ 전화 사용이 불가능하다면 가족, 친구와 연락할 수 있는 비상 연락 계획을 세운다.

☐ 처음으로 둘러볼 때는 가능한 한 아이나 반려동물을 친지나 지인에게 맡기고 간다.

☐ 식량과 물을 준비하고 방호복과 부츠를 착용한다.

들어가지 말아야 할 경우

☐ 가스 냄새가 날 때

☐ 집 근처에 홍수로 인한 물이 남아 있을 때

☐ 화재나 다른 자연재해로 인해 집이 심각하게 파손되었거나 아직 지역 당국이 안전하다고 발표하지 않았을 때

☐ 안전에 대한 의심이 조금이라도 들 때. 전문가와 집의 상태를 확인한 후 집에 들어간다.

집 외부를 조사하고, 아래 사항을 기록하거나 사진으로 찍는다

☐ 느슨하거나 손상된 송전선

☐ 망가지거나 새어 나오는 가스관이나 수도관

☐ 야생 동물

☐ 불안정한 것들. 예를 들어, 축대의 안전한 복구가 필요해 보일 때

☐ 바닥이나 굴뚝의 균열

☐ 파손된 외벽

☐ 지붕의 붕괴된 부분

☐ 깨지거나 망가진 창문이나 문

집의 내부 조사

☐ 설치류, 뱀, 곤충, 기타 동물이 집에 들어와 있지는 않은지 확인한다.

☐ 홍수 피해를 입은 집은 곰팡이가 생겼을 가능성이 크다.

☐ 천장과 바닥에 처진 부분이 있는지 확인한다. 바닥이 젖어 있거나 손상된 부분이 있다면 안전하지 않다.

☐ 하수 처리 시스템을 확인한다.

☐ 48시간 이상 닫혀 있던 집이라면 조사를 위해 들어가기 전 문과 창문을 모두 열어 환기를 시킨 후 들어간다.

☐ 캐비닛, 장식장, 벽장은 조심스럽게 연다. 떨어지는 물건을 조심한다.

☐ 보험 처리를 위해 피해를 입고 손상된 부분을 사진으로 찍어 둔다.

☐ 잔해를 치우고 청소하는 데 소요되는 시간을 기록한다.

수도, 전기, 가스 점검

□ 모든 수도, 전기, 가스가 차단되어 있었더라도 조사 시에는 차단되지 않은 상태로 가정하고 가능한 위험 요소들을 파악한다. 언제든 위험할 수 있다고 생각해야 하고, 실제로 그럴 수 있다는 것을 명심한다.

□ 조사 중에는 절대 흡연하지 않는다.

□ 집으로 들어갈 때는 가스 누출 가능성에 대비하여 손전등을 이용한다. 손전등은 가스 누출 시 불이 붙을 수 있으므로 들어가기 전 외부에서 켠 채로 들어간다.

□ 가스 냄새가 나는지 확인한다. 냄새가 나거나 쉬익 하며 새는 소리가 난다면 즉시 외부로 나와 소방서에 신고를 해야 한다. 외부로 나오자마자 가스 공급기를 안전하게 차단한다.

□ 점화용 불씨, 보조등을 이용하여 가스나 전기가 들어오는지 나갔는지를 확인한다.

□ 가스를 이용하기 전에 가스 업체를 부르는 것이 좋다.

□ 전기, 가스, 수도관에 손상된 부분이 있는지 꼼꼼하게 점검한다.

□ 난방은 전문가를 불러 점검 후에 이용하도록 한다.

□ 배선에 불꽃이 튀거나, 끊기거나 해진 부분이 있는지 확인한다.

□ 주전원과 급수 시스템이 켜져 있었다면, 끄거나 차단하고 전문가를 불러 안전을 확인한 다음 다시 켜도록 한다.

□ 바닥에 고인 물이 있다면 지하실에 들어가거나 전원을 켜는 일이 없도록 한다. 물을 밟은 상태에서 전기 기기를 사용하지 않는다. 전기 기술자가 점검을 완료할 때까지 어떠한 전기 기기도 사용하지 않는다.

□ 홍수로 인해 물이 닿은 기기는 전원 코드를 뽑아 두고 자격이 있는 기술 전문가를 불러 점검을 한 후에 작동한다.

□ 수도관에 손상된 흔적이 있으면 상수도 본관 밸브를 잠근다.

□ 수돗물은 당국의 테스트 후에 사용한다.

□ 하수관이 멀쩡한지 확인하기 전에는 변기 물을 내리지 않는다.

청소 준비

□ 방호복을 입고, N95 마스크와 장갑, 튼튼한 장화를 착용한다.

□ 상하기 쉬운 식료품, 유통 기한이 지났거나 제대로 보존되지 않은 냉동식품은 모두 폐기한다. 의심스러운 식품은 모두 폐기한다.

□ 수리할 것과 버릴 것을 골라낸다.

□ 작은 가지나 쓰레기 등의 작은 잔해들을 처리한다.

□ 청소 업체나 수리 업체를 고용한다면, 자격이 있고 보험에 가입되어 있는 곳인지 확인한 후 서비스를 받는다. 청소를 돕겠다거나 수리를 해 주겠다며 동네를 돌아다니는 사람을 조심하도록 한다. 반드시 업체 정보와 자격증을 확인하자.

찾아보기

ㅅ

ㅇ

일러스트

사진

글 조셉 프레드

응급 관리 및 위기관리 전문가로, 20년 이상의 공공 안전 관리 경력을 보유하고 있다. 응급 의료 서비스, 공무, 화재 안전, 비상 통신, 돌발 상황 관리, 정신 건강 관리, 리더십, 안전 관리 등에 대한 풍부한 이력의 소유자이다.
저서로는 《생존의 법칙》이 있으며, 공공 안전, 위기관리, 대중 집회 관련 학회나 회의에서 정기적인 강연자로 활동했다. 위기 대응 관련 기업의 CEO로 일하고 있다. www.josephpred.com

글 아웃도어 라이프 편집부

1898년 설립되어 발행된 〈아웃도어 라이프〉는 생존 법칙, 야생 기술, 장비 정보, 그리고 야외 활동을 즐기는 모두를 위한 필수 정보를 제공하는 매거진이다. 호마다 수많은 안전과 야외 관련 정보를 백만 명에 이르는 독자들에게 제공하고 있다. 생존을 주제로 운영하는 웹 사이트를 통해서 오지나 복잡한 도시를 아우르는 재난 대비와 기술에 대한 정보를 얻을 수 있다.

옮김 김지연

한국외국어대학교 졸업 후 다년 간 외서를 국내에 소개했다. 현재 저작권을 중개, 관리하는 팝 에이전시와 번역 그룹 팝 프로젝트의 대표를 맡고 있다. 옮긴 책으로는 《반달곰》, 《리얼 프레젠테이션 스킬 16》, 《나무가 아파요》, 《컨버터블 플레이북 시리즈》, 《행복한 아이 세상 시리즈》, 《옥스퍼드 리딩 전집》, 《매일 매일 두뇌 트레이닝 손가락 미로 대 탐험》, 《미어캣을 찾아라》, 《바람의 눈을 보았니》, 《카펫 소년의 선물》, 《초록 지구를 만드는 친환경 우리집》, 《아틀라스 세계 여행》, 《월요일은 빨래하는 날》 등이 있다.

위험에서 살아남는
재난 생존 매뉴얼

초판 1쇄 인쇄 2018년 4월 15일
초판 1쇄 발행 2018년 4월 20일

글쓴이 조셉 프레드, 아웃도어 라이프 편집부
옮긴이 김지연

펴낸이 김명희
책임 편집 이정은 | **디자인** 박두레
펴낸곳 다봄
등록 2011년 1월 15일 제395-2011-000104호
주소 경기도 고양시 덕양구 고양대로 1384번길 35
전화 031-969-3073
팩스 02-393-3858
전자우편 dabombook@hanmail.net

ISBN 979-11-85018-51-5 13590

이 도서의 국립중앙도서관 출판예정도서목록(CIP)은 서지정보유통지원시스템 홈페이지(seoji.nl.go.kr)와 국가자료공동
목록시스템(www.nl.go.kr/kolisnet)에서 이용하실 수 있습니다.(CIP제어번호: CIP2018009058)

THE EMERGENCY SURVIVAL MANUAL: 294 LIFE-SAVING SKILLS by Joseph Pred and the
editors of OUTDOOR LIFE
Copyright ©2015 Weldon Owen Inc.
All rights reserved.
Korean translation rights ©2018 Dabom Publishing
Korean translation rights are arranged with Weldon Owen an imprint of Bonnier Publishing USA, Inc.
through AMO Agency Korea.

＊책값은 뒤표지에 표시되어 있습니다.
＊파본이나 잘못된 책은 구입하신 곳에서 바꿔 드립니다.
＊내용의 일부는 우리나라 상황에 맞게 수정되었습니다.